新技术通识课程系列丛书

大数据导论

主编　方建文　杨彩云

電子工業出版社
Publishing House of Electronics Industry
北京 • BEIJING

内 容 简 介

本书从概念、思维、存储和处理、分析与应用等方面系统介绍了大数据的相关知识，主要内容包括：大数据的基本概念，大数据思维，大数据采集与获取技术，大数据批处理、流式处理和交互式处理框架，Hadoop 项目结构与技术分布，分布式并行编程 MapReduce 模型，Spark 技术架构和基本流程，数据特征工程及数据可视化等内容，通过大数据与人工智能技术助力新冠疫情防控、非法集资预警、大型活动安全预警、智慧法院数据融合分析与集成应用等案例，再现场景、数据、数据分析特征选择及分析技术应用的过程，有助于读者对大数据技术、分析及应用有更深刻的体会和了解。

本书可作为高等院校计算机、大数据等相关专业的大数据课程导论教材，也可供相关技术人员参考。

图书在版编目（CIP）数据

大数据导论 / 方建文，杨彩云主编. —北京：电子工业出版社，2022.7（2023.8 重印）
ISBN 978-7-121-43611-6

Ⅰ. ①大…　Ⅱ. ①方…　②杨…　Ⅲ. ①数据处理—职业教育—教材　Ⅳ. ①TP274

中国版本图书馆 CIP 数据核字（2022）第 091200 号

责任编辑：康　静
印　　刷：北京七彩京通数码快印有限公司
装　　订：北京七彩京通数码快印有限公司
出版发行：电子工业出版社
　　　　　北京市海淀区万寿路 173 信箱　邮编：100036
开　　本：787×1092　1/16　印张：9.5　字数：243.2 千字
版　　次：2022 年 7 月第 1 版
印　　次：2023 年 8 月第 2 次印刷
定　　价：39.00 元

凡所购买电子工业出版社图书有缺损问题，请向购买书店调换。若书店售缺，请与本社发行部联系，联系及邮购电话：（010）88254888，88258888。

质量投诉请发邮件至 zlts@phei.com.cn，盗版侵权举报请发邮件至 dbqq@phei.com.cn。

本书咨询联系方式：（010）88254609，hzh@phei.com.cn。

前言

数据分析在经济学、社会学、生物学、医学等领域有着悠久的历史，大数据的发展和应用也渗透到方方面面，让我们看到越来越多的数据驱动、数据使用、数据共享。应用型的大数据人才需求持续增长，需要对数据科学与大数据技术的相关专业开展跨学科、多层次、多类型的综合型数据人才培养体系建设。人工智能、物联网、大数据专业的互相融合，促成了跨学科综合性发展。为了尽早让学生对大数据、数据存储、管理、处理、思维、分析、应用等有全面的概要了解，对专业和学科的知识体系、数据工程项目的技术、工具有一个清晰的脉络式了解，尽快进入大数据领域的学习，特编写了本书。

全书共 9 章分 4 个内容来设计：大数据基础，数据采集、存储与管理，大数据处理与分析，大数据安全与应用。第 1 章介绍大数据的基本概念、发展历程，我国大数据的基本情况等。第 2 章介绍大数据思维的模式特征，以及这些思维模式在科学研究、产品开发、社会治理及创新思维等方面的应用；第 3 章介绍大数据项目中的数据采集与获取技术；第 4 章主要讲述数据存储介质及模式、分布式文件系统及主流技术 HDFS、非关系型数据库、云数据库等；第 5 章主要讲述大数据处理框架的分类、Hadoop 集群项目上 MapReduce 和 Spark 两个代表性的分布式计算架构；第 6 章主要讲述大数据分析的基本方法、数据特征工程和可视化方法，重点介绍回归分析、决策树和深度学习及其应用；第 7 章主要讲述大数据所存在的安全隐患，介绍大数据安全、大数据隐私保护、大数据在安全领域的应用、我国大数据的法律法规等；第 8 章介绍大数据与云计算、物联网、人工智能及其相关关系；第 9 章通过一些典型案例分析讲述大数据技术在各行业中的应用。

本书由方建文教授撰写第 1、2、3、4、7、8、9 章，杨彩云撰写第 5、6 章。本书在编写过程中参考了很多优秀的教材、专著和网上资料，在此对所有被引用文献的作者表示衷心的感谢。

作为一本导论教材，本书的读者对象是地方应用型高校开设的“大数据”有关课程的本科生及相关技术人员。本书编写力求理论联系实际，在结合了一系列的数据理念、技术、应用的学习中，融入了数据应用的领域介绍，以加深对大数据技术和应用的兴趣、认识和理解。数据科学及应用广泛与工程、生产、商业等领域融合发展，以数据科学为突破口，将数据分析、数据计算应用于各个行业及领域是大趋势。数据科学工程应用主要由算法、数据、场景决定。通过本书了解数据在影响决策、进行预测、表达洞见中的关键作用，数据处理技术及工具后，可作为读者在数据科学与大数据技术领域进行更深入的挖掘和学习的引子。

最后，特别要感谢电子工业出版社的鼎力支持，以及本书编辑的辛勤工作。由于编者水平和能力有限，书中难免有不当之处，希望读者朋友不吝赐教。

编　者

2021年08月

目　录

第1章　大数据概述

近几年来伴随着信息技术的发展，“大数据”时代悄然来临。大数据开始深刻影响社会生产和人类生活，并让人们深刻感受到了其对社会发展的威力。大数据已成为人类认识复杂信息系统的新手段，成为促进经济转型与增长的新思路，是提升国家综合智慧治理能力与保障国家安全的新途径。为此，世界各国政府高度重视大数据技术的研究与产业输出。本章重点介绍了数据和大数据的概念、大数据发展的技术背景、大数据的主要来源和特征、大数据的应用及大数据的相关产业。

1.1　数　　据

1.1.1　数据的概念

数据是指描述客观事物及其相互关系的物理符号记录，如图像、声音、文字、数字、符号等。简而言之，数据是可被计算机识别与处理、存储与传输的信息载体。为此，我们可从计算机的角度来理解数据的获取、存储和使用的一般途径。

（1）数据获取——将物理信号转换成计算机可以存储的数据。

（2）数据存储——将数据存储在介质上进行组织和管理。

（3）数据使用——利用计算机相关技术完成具体的应用目标。

数据与信息是两个不同的概念，数据是构成信息的原始材料，而信息一般是指数据中所包含的意义。事实上，离散的数据没有任何的信息价值，在原始数据转换为可应用信息的过程中，需要进行数据挖掘——从大量的数据中通过算法搜索隐藏于其中的信息。

1.1.2　大数据的概念

随着信息科学和计算机技术的发展，数据产生方式从被动式逐渐转变为主动式，人们能够感知到的数据量越来越庞大，涉及领域越来越广泛。相对于传统的数据，大数据就是指无法在一定时间范围内用常规软件工具进行获取、存储、管理和处理的数据集合，是需要新处理模式才能具有更强的决策力、洞察发现力和流程优化能力来适应的海量、高增长率和多样化的信息资产。作为一种难题，大数据暗含以下3个方面的属性。

（1）规模属性。大数据在数量级上很大，数据层的大规模性及数据本身所具备的多模式性、多模态性和异构性给存取、算法、计算和应用带来了极大的挑战。

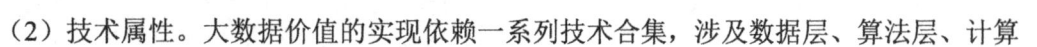

（2）技术属性。大数据价值的实现依赖一系列技术合集，涉及数据层、算法层、计算层、应用开发层等多个方面。

（3）价值属性。各个角色对大数据价值都有共识和期望，不同利益角色的个体（组织）对大数据价值的理解和关注点也不同。

1.2 大数据发展的技术背景

在移动计算、物联网、云计算等一系列新兴信息技术的支持下，社交媒体、众包、虚拟服务等新型应用模式持续拓展着人类创造和利用信息的范围与形式。当今信息技术的发展及创新正使各个产业发生改变，在信息爆炸时代产生了海量数据。信息技术及其在经济社会发展方方面面的应用（即信息化），推动数据（信息）成为继物质、能源之后的又一种重要战略资源。

1.2.1 互联网技术的发展

通常来讲，互联网发展经历了研究网络、运营网络和商业运营网 3 个阶段。互联网的重要性不仅在于其规模庞大，而且在于其能够提供全新的全球信息服务基础设施。此外，互联网彻底改变了人类的思维模式和工作、生活方式，促进了社会各行业的发展，成为时代的重要标志之一。截至 2020 年 12 月，我国网民规模为 9.89 亿，互联网普及率达 70.4%。其中，农村网民规模为 3.09 亿，农村地区互联网普及率为 55.9%。互联网产生的数据量不断增加，尤其是电子政务、社交媒体、网上购物等应用实时提供和处理越来越多的网络数据，在数据处理、传输与应用方面提出了新的问题。这种趋势加上其他网络数据源的普及，大数据的泛在化就成为必然的结果。

1.2.2 存储技术的发展

自从世界上第一台计算机出现以来，计算机存储设备也在不断更新，从水银延迟线、磁带、磁鼓、磁芯，到当今的半导体存储器、磁盘、光盘和纳米存储器，存储容量不断扩大，而存储器的价格也在不断下降。自 2005 年亚马逊公司推出云服务平台后，一种新型的网络存储方式——云存储逐渐应用推广，用户可以获取更大的存储容量。云存储通过允许用户访问云中的存储资源来扩大用户的存储容量，而用户可以随时随地通过任何连接到网络的设备轻松连接到云端读取数据。

1.2.3 计算能力的发展

信息产业的发展也正如摩尔所预言的那样，定期推出具有不断优化的操作系统和性能更强大的计算机。硬件厂商每开发一款运算能力更强的芯片，软件服务商就会开发出更加便捷的操作系统，极大地提升了信息处理速度。尤其是超级计算机和云计算的产生，使得对数据的计算能力极大加强，为大数据的实时化处理提供了可能。

1.3　大数据的主要来源

互联网时代，大数据的来源除了专业机构产生的数据，如 CERN（欧洲核子研究组织）离子对撞机每秒产生高达 40TB 的数据以外，我们每个人也都是数据的产生者，同时也是数据的使用者。人类自从发明文字开始，就记录着各种数据，早期数据保存的介质一般是纸张，而且难以分析、加工，随着计算机与存储技术的发展，以及万物互联过程的推进，数据爆发的趋势势不可挡，大数据主要来自下面的几个方面。

1.3.1　互联网大数据

大数据赖以生存的土壤是互联网。这些数据主要来自两个方面：一方面是用户通过网络所留下的痕迹（包括浏览信息、行动和行为信息）；另一方面是互联网公司在日常运营中生成、累积的用户网络行为数据。这些数据规模已经不能用 GB 或 TB 来衡量。

每一天，全世界会上传超过 5 亿张图片，每分钟就有 20 小时时长的视频被分享。一分钟内，微博、Twitter 上新发的数据量超过 10 万条，社交网络 Facebook 的浏览量超过 600 万。海量网络信息的产生催生了大数据。移动互联时代，数以百亿计的机器、企业、个人随时随地都会获取和产生新数据。互联网搜索巨头 Google 能够处理千亿以上的网页数量，每月处理的数据超过 400PB，并且呈继续高速增长的趋势；YouTube 每天上传 7 万小时的视频；淘宝网在 2010 年就拥有 3.7 亿会员，在线商品 8.8 亿件，每天交易超过数千万笔，单日数据产生量超过 50TB，存储量为 40PB；2011 年互联网用户近 20 亿，Facebook 注册用户超过 8 亿，每天上传 3 亿张照片，每天生成 300TB 日志数据；新浪微博每天有数十亿的外部网页和 AP 接口访问需求，每分钟都会发出数万条微博；百度目前数据总量接近 1000PB，存储网页数量接近 1 万亿，每天大约要处理 60 亿次搜索请求，几十 PB 数据。

据 IDC（互联网数据中心）的研究结果称，2011 年创造的信息数量达到 1800EB，每年产生的数字信息量还在以 60%的速度增长，到 2025 年，全球每年产生的数据将高达 175ZB……所有的这些都是海量数据的呈现。

1.3.2　传统行业大数据

我们都知道互联网会产生大量数据，但传统行业同样会产生大数据。传统行业通常指一些固定的行业，如电信、银行、金融、医疗、教育、电力等行业。

电信行业产生的数据主要集中在移动设备终端所产生的数据与信息，主要包括人们通过电子邮件、短信、微博等产生的文本信息、语音信息、图像信息。

银行业产生的数据集中在用户存款交易、风险贷款抵押、利率市场投放、业务管理等。除此之外，还有互联网银行，比如支付宝，用户每天通过支付宝转入、转出或者支付产生的数据也是相当可观的。

金融行业产生的数据集中在银行资本的运作、股票、证券、期货、货币等市场。俗话说：银行金融不分家。通过对金融数据的分析，针对资本的运作能够更加具体和更有针对性。

医疗行业产生的数据集中在患者的数据，通过对患者数据的分析，可以更精确地预测病理情况，从而对患者采取恰当的治疗措施。

教育行业产生的数据分两类：一类是常规的结构化数据，如成绩、学籍、就业率、出勤记录等；另一类是非结构化数据，如图片、视频、教案、教学软件、学习游戏等。客观的教育数据其价值的发挥取决于操控和应用数据的人。对教育大数据与医疗、交通、经济、社保等行业的关联分析，能够有效、科学地促进教育决策的正确性。

电网业务数据大致可分为生产数据（如发电量、电压稳定性等数据）、运营数据（如交易电价、售电量、用电客户等数据）和管理数据（如ERP、一体化平台、协同办公等数据）。随着电网信息化的不断推进，电网企业数据量、数据类型、数据来源都有相应的变化，数据量呈几何级爆炸式增加，数据类型也越来越复杂和多样化。

1.3.3 音频、视频和数据

音频、视频和数据是隐藏着大数据的核心。这些数据结构松散，数量巨大，但很难从中挖掘有意义的结论和有用的信息。Facebook月活跃用户接近8.5亿，每天上传的照片总量为25亿张。Twitter有5亿多注册账户，每天发布的Twitter信息总量突破4亿条。YouTube每天有20亿浏览量，占据整个互联网流量的10%，平均每个用户每天花900秒在YouTube上，44%的用户年龄介于12～34岁，每天超过829万个视频被上传，平均每个视频长度为2分46秒。每天产生多少首音乐、多少部电影、多少文字等，这将是一个可观的数据。音频、视频和数据是我们最容易忽视的数据来源，而这些恰恰才是真正大数据的来源，分析、挖掘这些资讯可能引发更大的资源与信息。

1.3.4 移动设备的实时记录与跟踪

实时跟踪器在之前的运用仅限于价值高昂的航天飞机及气象预测，现在也应用于汽车方面，即汽车生产商在车辆中配置的监控器，如GPRS、油耗器、速度表、公里表等可传播信号的监控器，可以连续读取车辆机械系统整体的运行情况。现在，移动可穿戴设备广泛使用，企业可以从这些数据中提取非常有用的数据从而获取价值。这一类数据可能产生的业务不多，但可以推动某些经营模式发生实质性的变革。例如，汽车传感数据可用于评价司机行为，从而推动汽车保险业的巨大变革，促进汽车的节能减排，从而推动环境改善的变革。

一个收集和分析大数据的行业一旦形成，它就能重新理解市场，重新挖掘经营信息，它将对现有公司产生深刻的影响。据相关调查，有10%的公司认为在过去5年中，大数据彻底改变了他们的经营方式。46%的公司认同大数据是其决策的一项重要支持因素。通过对大数据的分析挖掘，公司可以发现新的经营模式，改进生产方式，从而提高经济效益。通过对任意大数据组中应用的相关大数据技术的分析，公司可以发现有用信息，将这些信息商业化，从而获得可观效益。所以，大数据的巨大魔力就是能改变有些行业公司的经营方式。

1.4　大数据的特征

2001 年 Gartner 分析员道格·莱尼在演讲中指出，数据增长有 4 个方向的挑战和机遇：规模性（Volume），即数据多少；多样性（Variety），即数据类型繁多；高速性（Velocity），即资料输入、输出的速度；价值密度低（Value），即追求高质量的数据。在莱尼的理论基础上，IBM 提出大数据的 4V 特征，如图 1-1 所示，得到了业界的广泛认可。

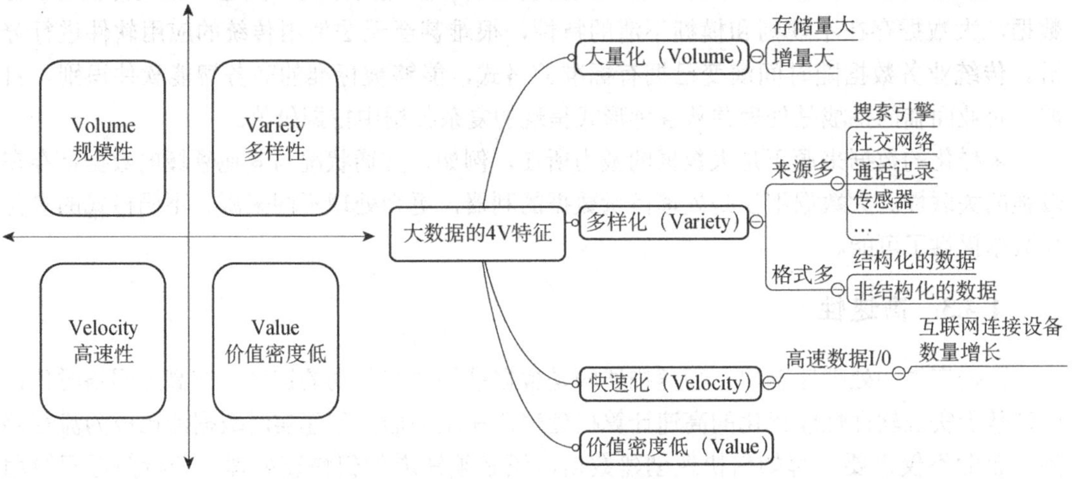

图 1-1　大数据的 4V 特征

1.4.1　规模性

大数据的数据量巨大。依据著名的咨询机构——国际数据公司（International Data Corporation，IDC）对数据产生的估测，人类社会产生的数据一直都在以每年约 50%的速度增长，相当于大约每两年就增加一倍。人类在最近两年产生的数据相当于之前产生的全部数据量之和。大数据规模之大源于数据的广泛采集、数据的多处存储及数据的大量计算。相对于普通的计算机存储容量以 GB、TB 为单位，在实际应用中，很多企业用户把多个数据集放在一起，已经形成了 PB 级的数据量，故大数据则以 PB（1000TB）、EB（100 万 TB）为单位。百度资料表明，其新首页导航每天需要提供的数据超过 1.5PB（1PB=1024TB），这些数据如果打印出来将超过 5000 亿张 A4 纸，简而言之，存储 1PB 数据将需要两万台配备 50GB 硬盘的个人计算机。

此外，伴随着各种随身设备、物联网和云计算、云存储等技术的发展，人和物的所有轨迹都可以被记录，数据因此被大量生产出来。例如，移动互联网的核心网络节点是人，不再是网页，由此人人都是数据的制造者，个人的短信、微博、照片、录像都具有数据特性；无数自动化传感器、自动记录设施、生产监测、环境监测、交通监测、安防监测等都在产生数据；自动流程记录，如刷卡机、收款机、电子停车收费系统、互联网单击、电话拨号等设施，以及各种办事流程登记等无时无刻不在产生数据。

1.4.2 多样性

大数据数据类型繁多。数据来自多种数据源，数据种类和格式日渐丰富，已冲破了以前所限定的结构化，囊括了半结构化和非结构化数据。现在的数据不仅是文本形式的数据，更多的是图片、视频、音频、地理位置信息等多类型的数据，个性化数据占绝大多数。

数据多样性的增加主要是由新型的结构数据，以及网络日志、社交媒体、互联网搜索、手机通话记录及传感器网络等数据类型造成的。

大数据具有多层结构，这意味着大数据会呈现出多变的形式和类型。相较传统的业务数据，大数据存在不规则和模糊不清的特性，很难甚至无法使用传统的应用软件进行分析。传统业务数据随时间演变已拥有标准的格式，能够被标准的商务智能软件识别。目前，企业面临的挑战是处理并从各种形式呈现的复杂数据中挖掘价值。

多样化的数据来源正是大数据的威力所在，例如，交通状况与其他领域的数据都存在较强的关联性。大数据不仅是处理巨量数据的利器，更为处理不同来源、不同格式的多元化数据提供了可能。

1.4.3 高速性

数据产生和处理速度快。高速描述的是数据被创建和移动的速度。在高速网络时代，通过基于实现软件性能优化的高速计算机处理器和服务器，创建实时数据流已成为流行趋势。企业不仅需要了解如何快速创建数据，还必须知道如何快速处理、分析并返回给用户，以满足他们的实时需求。

在数据量非常庞大的情况下，也能够做到数据的实时处理。数据处理遵循“1秒定律”，可从各种类型的数据中快速获得高价值的信息。在未来，越来越多的数据挖掘趋于前端化，即提前感知预测并直接提供服务给所需要的对象，这也需要大数据具有高速的处理速度。

1.4.4 价值密度低

数据真实性高和价值（Value）密度低。数据真实性高，随着社交数据、企业内容、交易与应用数据等新数据源的兴起，传统数据源的局限被打破，企业愈发需要有效的信息之力以确保其真实性及安全性。以视频为例，对于一小时的视频，在不间断的监控过程中，可能有用的数据仅仅只有一两秒。数据的真实性和质量是获得真知和思路最重要的因素，是制定成功决策最坚实的基础。

1.5 大数据的应用

1.5.1 大数据的应用环境

在2014年的两会政府工作报告中，中国首次将大数据发展纳入国家战略，次年，中国政府先后发布“互联网+”、制造强国战略第一个十年的行动纲领与《促进大数据发展行动纲要》。影响大数据相关政策是否能够务实落地并真正创造价值的因素诸多，但其中包括以下 4 个主要原因：①是否具有良好的 IT 建设基础；②是否有坚实的数据资源；③是否具有丰富的数据应用场景；④是否能够响应战略发展中的“痛点”需求。

基于以上 4 个因素分析，中国目前就处在大数据发展应用的最好时机。其一，“互联网+”发掘出了更多的应用需求和应用场景，而这些需求的内在基础是以互联网上的大数据作为创业、创新的手段与切入点。其二，大数据贯穿于企业生产到消费者消费的整个环节，各个环节在互联网上产生的大数据同时服务于整个环节的各个角色，由此必然不断推进各个行业利用大数据来解决各个环节的“痛点”。其三，政府层面的数据资源的开放共享，为大数据应用提供了事实数据的支撑。

1.5.2　大数据的应用领域

大数据时代的特征就是在各行各业都有了大数据的应用印记。大数据在各个领域的应用，时时刻刻无处不在地影响和改变着人们的生活及理解世界的方式，尤其体现在商业和民生领域。在此，以表格形式大致描述大数据在各行业的应用情况，如表 1-1 所示。

表 1-1　大数据在各行业的应用情况

应用行业	大数据的应用描述
城市管理	智能交通、智能安保、城市规划、环保、食品安全监测等智慧型城市管理
生产型行业	利用大数据改进生产工艺，优化生产过程，分析、优化供应链，智能电网，确保电网运行等
服务型行业	金融服务的风险分析，电信行业客户的维护与管理，商品推广优化，市场营销、物流环境的优化，流行病的预测与健康管理等
个人生活消费	餐饮模式、娱乐业务生活、个性化需求服务等

1.6　中国的大数据产业链

数据服务、基础支撑和融合应用相互交融，协力构建了完整的大数据产业链（见图 1-2）。

基础支撑层是整个大数据产业的核心，它涵盖了网络、存储和计算等硬件基础设施，云计算资源管理平台，以及各类与数据采集、数据分析和展示等相关的方法和工具（见图 1-3）。大数据技术的迭代和演进是这一层发展的主旋律。随着人工智能和 5G 技术的发展，与存储和计算相关的芯片和终端设备成为发展热点；云计算资源管理平台（包括私有云和公有云）持续提升底层硬件的利用效率，日益成为产业不可或缺的重要支撑。而人工智能分析框架，NoSQL 和 NewSQL 数据库，以及 Spark 和 Hadoop 等平台的日益成熟，为大数据分析、挖掘提供了丰富的工具箱。

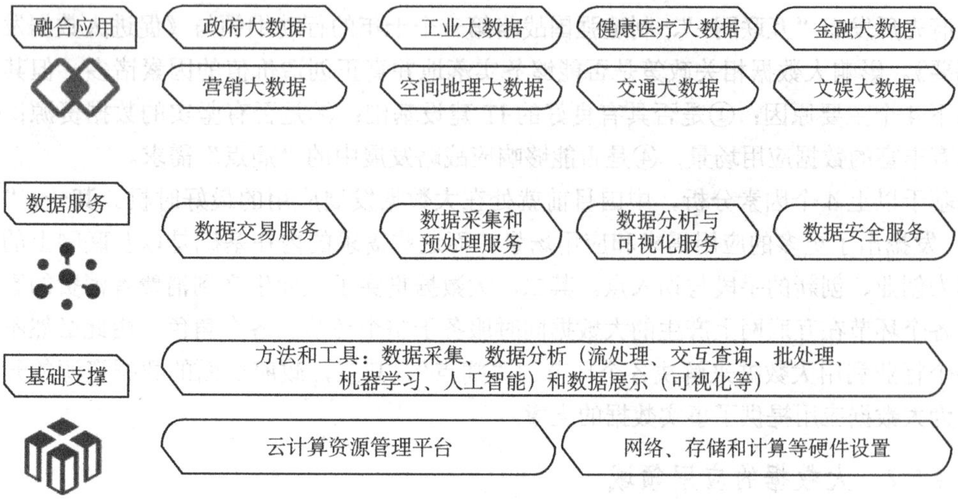

图 1-2　大数据产业的三个层次

图 1-3　基础支撑企业图谱

数据服务层是大数据市场的未来增长点之一，它立足海量数据资源，围绕各类应用和市场需求，提供前端的数据采集，中端的流处理、批处理、即时查询和数据挖掘，末端的数据可视化，以及贯穿始终的数据安全等辅助性的服务支撑（见图 1-4）。随着 5G 商用的全面推广，数据采集和预处理需求将快速增多；此外，随着数字技术日益复杂，提供第三方数据分析、可视化和安全服务的市场也将持续壮大。然而，数据交易服务由于数据权属不清晰、模式不落地等问题，发展潜力相对较小。

图 1-4　数据服务企业图谱

融合应用层是大数据产业的发展重点，这一层不仅包含了通用性的营销大数据，还包含了与互联网、政府、工业、农业、金融、电信等行业紧密相关的各类细分领域的整体解决方案（见图 1-5）。融合应用最能体现大数据的价值和内涵，它是大数据技术与实体经济深入结合的生动体现，能够切实地帮助实体经济企业提升业务效率、降低成本，也能够帮助政府提升社会治理水平和民生服务能力。

图 1-5　融合应用层企业图谱

1.7 我国大数据的发展态势

大数据技术和应用逐步成为国家基础性战略支撑，是推动数字中国、数字经济和新型智慧城市建设的重要力量，未来发展潜力巨大。统计分析显示，2012—2019 年党和国家关于大数据的重要论述中，“数据”“数字”“互联网”“创新”和“人工智能”成为最常见的高频词汇（见图 1-6）。与数字经济相关的概念正逐年增多，“数字经济”“数字中国”“数字丝绸之路”等战略已经成为指导中国推进经济社会高质量发展的重要力量。

图 1-6 2012—2019 年关于大数据发展的政策文件词云

作为人口大国和制造大国，我国数据产生能力巨大，大数据资源极为丰富。随着数字中国建设的推进，各行业的数据资源采集、应用能力不断提升，将会导致更快更多的数据积累。预计到 2025 年，中国数据总量将跃居世界第一，全球占比有望达到 27%以上，将成为名列前茅的数据资源大国和全球数据中心。

随着政务信息化的不断发展，各级政府积累了大量与公众生产生活息息相关的信息系统和数据，并成为最具价值数据的保有者。如何盘活这些数据，更好地支撑政府决策和便民服务，进而引领促进大数据事业发展，是事关全局的关键。2015 年 9 月，国务院发布《促进大数据发展行动纲要》，其中重要任务之一就是“加快政府数据开放共享，推动资源整合，提升治理能力”，并明确了时间节点：2017 年跨部门数据资源共享共用格局基本形成；2018 年建成政府主导的数据共享开放平台，打通政府部门、企事业单位间的数据壁垒，并在部分领域开展应用试点；2020 年实现政府数据集的普遍开放。随后，国务院和国务院办公厅又陆续印发了系列文件，推进政务信息资源共享管理、政务信息系统整合共享、互联网政务服务试点、政务服务一网一门一次改革等，推进跨层级、跨地域、跨系统、跨部门、跨业务的政务信息系统整合、互联、协同和数据共享，用政务大数据支撑“放管服”改革落地，建设数字政府和智慧政府。目前，我国政务领域的数据开放共享已取得了重要进展和明显效果。例如，浙江省推出的“最多跑一次”改革，是推进供给侧结构性改革、落实“放管服”改革、优化营商环境的重要举措。以衢州市不动产交易为例，通过设立综合窗口再造业务流程，群众由原来跑国土、住建、税务 3 个窗口 8 次提交 3 套材料，变为只跑综合窗口 1 个窗口 1 次提交 1 套材料，效率大幅提高。据有关统计，截至 2019 年上半年，我国已有 82 个省级、副省级和地级政府上线了数据开放平台，涉及

41.93%的省级行政区、66.67%的副省级城市和 18.55%的地级城市。

我国已经具备加快技术创新的良好基础。在科研投入方面，前期通过国家科技计划在大规模集群计算、服务器、处理器芯片、基础软件等方面系统性地部署了研发任务，成绩斐然。“十三五”期间在国家重点研发计划中实施了“云计算和大数据”重点专项。当前科技创新 2030 大数据重大项目正在紧锣密鼓地筹划、部署中。我国在大数据内存计算、协处理芯片、分析方法等方面突破了一些关键技术，特别是打破“信息孤岛”的数据互操作技术和互联网大数据应用技术已处于国际领先水平；在大数据存储、处理方面研发了一些重要产品，有效地支撑了大数据应用；国内互联网公司推出的大数据平台和服务，处理能力跻身世界前列。

国家大数据战略实施以来，地方政府纷纷响应联动、积极谋划布局。国家发改委组织建设 11 个国家大数据工程实验室，为大数据领域相关技术创新提供支撑和服务。发改委、工信部、中央网信办联合批复贵州、上海、京津冀、珠三角等 8 个综合试验区，正在加快建设。各地方政府纷纷出台促进大数据发展的指导政策、发展方案、专项政策和规章制度等，使大数据发展呈蓬勃之势。然而，我们也必须清醒地认识到我国在大数据方面仍存在一系列亟待补上的短板。

一是大数据治理体系尚待构建。首先，法律法规滞后。目前，我国尚无真正意义上的数据管理法规，只在少数相关法律条文中有涉及数据管理、数据安全等规范的内容，难以满足快速增长的数据管理需求。其次，共享开放程度低。推动数据资源共享开放，将有利于打通不同部门和系统的壁垒，促进数据流转，形成覆盖全面的大数据资源，为大数据分析应用奠定基础。我国政府机构和公共部门已经掌握巨大的数据资源，但存在“不愿”“不敢”和“不会”共享开放的问题。例如，在“最多跑一次”改革中，由于技术人员缺乏，政务业务流程优化不足，涉及的部门多、链条长，长期以来多头管理、各自为政等问题，导致很多地区、乡镇的综合性窗口难建立、数据难流动、业务系统难协调。同时，由于办事流程不规范，网上办事大厅指南五花八门，以至于同一个县市办理同一项事件，需要的材料、需要集成的数据在各乡镇的政务审批系统里却各有不同，造成群众不能一次性获得准确的相关信息而需要“跑多次”。当前，我国的政务数据共享开放进程，相对于行动纲要明确的时间节点，已明显落后，且数据质量堪忧。不少地方的政务数据开放平台仍然存在标准不统一、数据不完整、不好用甚至不可用等问题。政务数据共享开放意义重大，仍需要坚持不懈地持续推进。此外，在数据共享与开放的实施过程中，各地还存在片面强调数据物理集中的“一刀切”现象，对已有信息化建设投资保护不足，造成新的浪费。再次，安全隐患增多。近年来，数据安全和隐私数据泄露事件频发，凸显大数据发展面临的严峻挑战。在大数据环境下，数据在采集、存储、跨境跨系统流转、利用、交易和销毁等环节的全生命周期过程中，所有权与管理权分离，真假难辨，多系统、多环节的信息隐性留存导致数据跨境、跨系统流转追踪难、控制难，数据确权和可信销毁也更加困难。

二是核心技术薄弱。基础理论与核心技术的落后导致我国信息技术长期存在“空心化”和“低端化”问题，大数据时代需避免此问题在新一轮发展中再次出现。近年来，我国在大数据应用领域取得较大进展，但是基础理论、核心器件和算法、软件等层面，较之美国等技术发达国家仍明显落后。在大数据管理、处理系统与工具方面，我国主要依赖国外开源社区的开源软件，然而，由于我国对国际开源社区的影响力较弱，导致对大数据技术生态缺乏自主可控能力，这成为制约我国大数据产业发展和国际化运营的重大隐患。

三是融合应用有待深化。我国大数据与实体经济融合不够深入，主要问题表现在：基础设施配置不到位，数据采集难度大；缺乏有效引导与支撑，实体经济数字化转型缓慢；缺乏自主可控的数据互联共享平台等。当前，工业互联网成为互联网发展的新领域，然而仍存在不少问题：政府热、企业冷，政府时有“项目式”“运动式”推进，而企业由于没看到直接、快捷的好处，接受度低；设备设施的数字化率和联网率偏低；大多数大企业仍然倾向打造难以与外部系统交互数据的封闭系统，而众多中小企业数字化转型的动力和能力严重不足；国外厂商的设备在我国具有垄断地位，这些企业纷纷推出相应的工业互联网平台，抢占工业领域的大数据基础服务市场。

1.8 大数据与数字经济

大数据是信息技术发展的必然产物，更是信息化进程的新阶段，其发展推动了数字经济的形成与繁荣。信息化已经历了两次高速发展的浪潮，始于 20 世纪 80 年代，随个人计算机大规模普及应用所带来的以单机应用为主要特征的数字化（信息化 1.0），以及始于 20 世纪 90 年代中期，随互联网大规模商用进程所推动的以联网应用为主要特征的网络化（信息化 2.0）。当前，我们正在进入以数据的深度挖掘和融合应用为主要特征的智能化阶段（信息化 3.0）。在“人机物”三元融合的大背景下，以“万物均需互联，一切皆可编程”为目标，数字化、网络化和智能化呈融合发展新态势。

在信息化发展历程中，数字化、网络化和智能化是三条并行不悖的主线。数字化奠定基础，实现数据资源的获取和积累；网络化构建平台，促进数据资源的流通和汇聚；智能化展现能力，通过多源数据的融合分析呈现信息应用的类人智能，帮助人类更好地认知复杂事物和解决问题。

信息化新阶段开启的另一个重要表征是信息技术开始从助力经济发展的辅助工具向引领经济发展的核心引擎转变，进而催生一种新的经济范式——“数字经济”。数字经济是指以数字化知识和信息为关键生产要素、以现代信息网络为重要载体、以信息通信技术的有效使用为效率提升和经济结构优化的重要推动力的一系列经济活动，是以新一代信息技术和产业为依托，继农业经济、工业经济之后的新经济形态。从构成上看，农业经济属单层结构，以农业为主，配合以其他行业，以人力、畜力和自然力为动力，使用手工工具，以家庭为单位自给自足，社会分工不明显，行业间相对独立；工业经济是两层结构的，即提供能源动力和行业制造设备的装备制造产业，以及工业化后的各行各业，并形成分工合作的工业体系。数字经济则可分为三个层次：提供核心动能的信息技术及其装备产业、深度信息化的各行各业及跨行业数据融合应用的数据增值产业。当前，数字经济正处于成型展开期，将进入信息技术引领经济发展的爆发期、黄金期。

从另一个视角来看，如果说过去 20 多年，互联网高速发展引发了一场社会经济的“革命”，深刻地改变了人类社会，那么现在可以看到，互联网革命的上半场已经结束。上半场的主要特征是“2C”（面向最终用户），主战场是面向个人提供社交、购物、教育、娱乐等服务，可称为“消费互联网”。而互联网革命的下半场正在开启，其主要特征将是“2B”（面向组织机构），重点在于促进供给侧的深刻变革，互联网应用将面向各行业，特别是制造业，以优化资源配置、提质增效为目标，构建以工业物联为基础和工业大数据为要素的工业互联网。作为互联网发展的新领域，工业互联网是新一代信息技术与生产技术深度融合的产物，它通过人、机、物的深度互联，全要素、全产业链、全价值链的全面链接，推动形成新的工业生产制造和服务体系。当前，新一轮工业革命正在拉开帷幕，在全球范围内不断颠覆传统制造模式、生产组织方式和产业形态，而我国正处于由数量和规模扩张向质量和效益提升转变的关键期，需要抓住历史机遇期，促进新旧动能转换，形成竞争新优势。我国是制造大国和互联网大国，推动工业互联网创新发展具备丰富的应用场景、广阔的市场空间和巨大的推进动力。

数字经济未来发展将呈现如下趋势：一是以互联网为核心的新一代信息技术正逐步演化为人类社会经济活动的基础设施，并将对原有的物理基础设施完成深度信息化改造和软件定义，在其支撑下，人类极大地突破了沟通和协作的时空约束，推动平台经济、共享经济等新经济模式快速发展。以平台经济中的零售平台为例，百货大楼在前互联网时代对促进零售业发展起到了重要作用。而从 20 世纪 90 年代中后期开始，伴随互联网的普及，电子商务平台逐渐兴起。与要求供需方必须在同一时空达成交易的百货大楼不同，电子商务平台依托互联网，将遍布全球各个角落的消费者、供货方连接在一起，并聚合物流、支付、信用管理等配套服务，突破了时空约束，大幅减少了中间环节，降低了交易成本，提高了交易效率。按阿里研究院的报告，过去 10 年间，中国电子商务规模增长了 10 倍，并呈加速发展趋势。二是各行业工业互联网的构建将促进各种业态围绕信息化主线深度协作、融合，在完成自身提升变革的同时，不断催生新的业态，并使一些传统业态走向消亡。如随着无人驾驶汽车技术的成熟和应用，传统出租车业态将可能面临消亡。其他很多重复性的、对创新创意要求不高的传统行业也将退出历史舞台。2017 年 10 月，《纽约客》杂志报道了剑桥大学两名研究者对未来 365 种职业被信息技术淘汰的可能性分析，其中电话推销员、打字员、会计等职业高居榜首。三是在信息化理念和政务大数据的支撑下，政府的综合管理服务能力和政务服务的便捷性持续提升，公众积极参与社会治理，形成共策共商共治的良好生态。四是信息技术体系将完成蜕变升华式的重构，释放出远超当前的技术能力，从而使蕴含在大数据中的巨大价值得以充分释放，带来数字经济的爆发式增长。

第 2 章　大数据思维

人类社会的进步得益于哲学思想中的方法论，但是到了信息时代，随着人类对世界认识的越来越数据化，人们感受到的世界不确定性越来越显著，以至于我们按照传统的机械思维模式，已很难做出准确的因果关系预测。当人们意识到影响世界的变量非常多，已经无法通过简单的方法或者公式得出结论时，人们尝试采用一些针对随机事件的方法来处理问题，用不确定性的眼光看待世界。

数据学家认为世界的本质是数据，人类通过采集、量化、计算分析各种事物，来重新解释和定义这个世界，并通过大数据消除不确定性，对未来加以预测。在大数据时代，人们不得不转变思维方式，努力把身边的事物量化，再从数据的角度加以分析后获得人与物、物与物之间相互联系的规律，人们根据这些规律可以预见事物间的相关性，这就是大数据的思维方式。在方法论的层面，大数据是一种全新的思维方式，按照大数据的思维方式，人们的思维模式从抽样统计思维转向宏观整体思维、由精确的数值计算转向有偏差的数据分析、用定量的计算思维替代定性的理性思维。本章将从大数据科学出发，多角度介绍大数据思维方式的特点及运用大数据思维的具体实例。

2.1　大数据的思维特点

从理论上说，自然界和人类社会存在的数据是无限的，而人类采集、存储数据、分析数据的能力却是有限的，人们如何在无限的数据中找到所需的数据，就需要一种全新的大数据思维模式，这类似于经典力学和相对论的诞生，改变了人们原有的思维模式。正如维克托·迈尔-舍恩伯格在其著作《大数据时代：生活、工作与思维的大变革》中指出的那样，大数据时代最大的转变主要是思维方式的转变：总体而非样本、效率而非精确、相关而非因果。据此，人们看待数据的方式由以往的单一数据向全体数据转变，由关注数据的精确性转向挖掘数据内的价值、侧重分析数据的混杂性，由注重数据因果性向利用数据相关性转变。

2.1.1　大数据的总体思维

大数据技术的核心就是海量数据的实时采集、存储和处理，如感应器、手机导航、网站等应用技术都能够收集大量实时数据，同时分布式文件系统和分布式数据库技术在理论上提供了近乎无限的数据存储能力，而分布式并行编程框架 MapReduce 提供了强大的海量数据并行处理能力。因此，数据分析完全可以直接针对全集数据而不是抽样数据，使“样本=总体”变为现实，不再受采样方法的限制，并且可以在短时间内迅速得到分析结果。另外，大数据是在数据的复杂性和完整性的基础上进一步揭示事物的相关性，在大数据的情形下，除了数据验证已有结论外，我们还可以从数据出发，看数据本身能够给出什么新的结论。所以，研究认识数据的思维方式也从样本思维转向总体思维，以便更客观地认识事物的全部特征。

例如，早期商场只能通过销售额、会员卡等途径来获得消费数据，数据相对滞后。而现今的商场可借助客流计数电子设备、手机定位系统和POS端口等，对顾客流量进行实时追踪。运用商场内部架设的管理系统实时获取顾客的消费数据，并依据这些大数据进行市场分析，协调商场经营与管理。

2.1.2 大数据的非精确思维

人们在采用抽样分析时，必须追求分析方法的精确性，因为针对部分样本的抽样分析所得到的结果应用到全集数据后，误差会被放大。也就是说，抽样分析中的微小误差被放大到全集数据后，就可能会变成一个很大的误差。人们为了确定误差被放大后的全集数据的精确性，就必须注重提高算法的精准性，然后才是提高算法的效率。然而大数据时代采用全体分析而不是抽样分析，显然，全体分析结果不存在误差被放大的问题。同时，大数据技术可以存储、分析非结构化和异构数据。当有更多的数据可用时，数据是否精确不再是一个问题，人们不再苛求数据的绝对精确，转而接受数据的不精准性。因为在数据量足够的条件下，这些不精确的数据会被淹没在大数据的海洋里，人们可以做出更好的预测。

例如，虽然商场无法精确了解每位顾客的消费习惯，但是可以通过对全部顾客消费数据的分析，获取某类商品销售的相关性，从而合理布局商品陈列、配置销售人员等营销策略，典型例子就是“啤酒与尿布”的故事。

2.1.3 大数据的非因果性思维

传统统计学的数据分析目的一般分两个方面：其一是解释事物背后的发展机理；其二是用于预测未来可能发生的事件。也就是说，传统的统计学主要通过模型来探究变量之间的因果关系，根据模型预测变量的因变量，即首先假设事物之间存在某种因果关系，然后根据这个假设建立模型并验证假设的因果关系。但是，现实世界的事物是普遍联系的，因果关系只是事物之间相关关系的一种，认识事物之间的相关关系才是人们进一步了解事物的本质内涵的高层次认知需求。相关关系的核心是量化两个数据值之间的数理关系，相关性强是指当一个数据量增加时，另一个数据量很有可能会随之变化，而相关关系弱是指当一个数据量增加时，另一个数据量几乎不会发生变化。我们通过一个现象找到良好的关联物，理解世界不再需要建立在假设的基础上，借助对大数据进行相关性分析相关关系，可以帮助我们捕捉现在和预测未来。

在大数据时代，因果关系不再那么重要，人们更多地转向关注于数据之间的“相关关系”而非“因果关系”，建立在相关关系分析法基础上的预测是大数据的核心。因为不受限于传统的思维模式和特定领域里隐含的固有偏见，大数据能为我们提供如此多新的深刻洞见。例如，在淘宝网购物时，当你购买了茶叶，淘宝网会自动提示购买相同茶叶的其他顾客还购买养生茶、茶具等。也就是说淘宝网会自动告诉你“购买茶叶”和“购买养生茶”之间存在相关性，但无法告诉你为什么其他顾客还购买了养生茶。

数据无法确定因果关系，但数据依然为人们提供了解决问题的新方法。因为数据中包含的信息可以帮助人们消除不确定性，分析数据的相关性就可以帮助人们得到想要的答案，这就是大数据思维的核心。因此，在大数据时代，数据的相关性分析是具有重要价值的工作，人们已经通过具体的方法从数据中寻找相关性来解决各种各样的难题。

2.1.4 以数据为中心

在科学研究领域中的很长一段时期内，研究方法分成传统人工智能方法与数据驱动方法。对机器翻译的研究，学者较多采用人工智能的方法，在实践中，机器翻译研究人员逐渐意识到了一个新问题：机器翻译不能只是让计算机熟悉常用规则，还必须教会计算机处理特殊的语言情况，但是教会计算机学会选词是非常困难的。为了解决这个难题，IBM 的研发人提出了一个新想法：让计算机去估算一个词或一个词组适合于用来翻译另一种语言中的一个词和词组的可能性，然后再决定某个词和词组在另一种语言中的对等词和词组，但前提是需要足够的数据量。所以，到 20 世纪 90 年代，互联网的快速发展使数据的获取变得非常容易，人们可用的数据量愈加庞大，使机器翻译的准确性提高了一倍，其 20%左右的贡献来自方法的改进，而 80%则来自数据量的提升。此时人们发现超大量的数据带来了以前意想不到的惊喜，数据驱动方法的优势也越来越明显。同时，各个领域的数据不断向外扩展，各个维度的数据从点到线逐渐连成了网，极大限度地增强了数据之间的关联性，使得“以数据为中心”的思维方式成为思考解决问题的新方式。

2.1.5 大数据的运营思维

在大数据时代，人们分析问题时可以尽可能地从多维度收集数据，人们以往的数据运用思维已不能适应新问题的解决方式。例如，如何从大量数据中收集有用的数据、如何确定数据的存储方式、如何利用大数据帮助解决困境等问题。面对大数据产生的新问题，需要运用大数据的运营思维，用数据中的隐藏价值来解决生产、生活中的现实问题。

2.1.6 数据的收集

数据收集取决于辨别数据价值的能力，取决于能否在大量数据中找出核心数据和频繁使用的数据。如果只收集数据而不对数据进行分析，那么数据背后的价值就无法体现。因此，大数据的价值就是使数据处于“收集—应用”的良性循环中，并带动更多的数据进入此循环中（见图 2-1）。在此循环过程中，主动收集和灵活使用是关键。

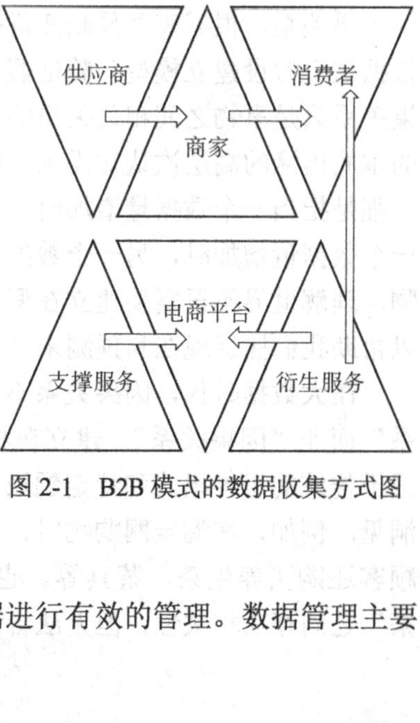

图 2-1 B2B 模式的数据收集方式图

2.1.7 数据的分类

在运用大数据分析服务时，必须对所收集的海量数据进行有效的管理。数据管理主要包括：数据的来源、数据的完整性、数据的安全性、数据的准确性和稳定性等。数据管理因在不同的应用背景而有所不同。在数据管理过程中，必须保护好关键的数据，为此，对纷杂的数据进行分类，了解所有数据的价值就非常重要。

下面是某权威的数据公司从 4 个维度进行数据分类的方法，供大家参考。

1. 依据数据的再生性，可分为不可再生数据和可再生数据

不可再生数据是原始的数据，如用户访问网站的浏览记录、用户日志等。对于不可再生的数据，必须有完善的数据保护机制，主要利用系统的冗余备份功能。可再生数据是通过其他数据加工生成的数据。有些可再生数据，如对某个用户在一段时间内的连续购物行为产生的数据，是通过长时间的不断积累加工而形成的。如果对可再生数据未做保护，虽然可再生，但数据再生所耗费的时间也会给企业带来额外的负担。因此，管理数据必须尽早保护已有的不可再生数据，并及时收集需要但没有的可再生数据。

2. 依据数据所处存储层次，可分为基础层数据、中间层数据和应用层数据

基础层数据通常与原始数据基本一致，仅仅存储最基本的数据，不做汇总，主要用作其他数据研究的基础；中间层数据是基于基础层数据加工的数据，这些数据会根据不同的业务需求，按照不同的主体来进行存储；应用层数据则是针对具体问题的应用数据，如用于解决具体问题而进行挖掘与分析的数据。

3. 依据业务归属，可分为各类数据主体

按照业务归属分类，例如，仓库中将不同的物料进行分类存放，可以提高数据使用和数据管理的效率。按照业务归属分类的数据在不同公司、不同部门之间可能会体现出不同的内容，例如，网络购物平台型企业相关的数据可以分为交易类数据、用户类数据、日志类数据等。

4. 依据是否隐私，可分为隐私数据和非隐私数据

对于包含用户隐私的数据需要采取严格的保密措施。通常的管理方法是对数据的隐私级别进行分层，从安全的角度出发可以应用两种类型、4 个层次的数据分层。两种类型是指企业级和用户级：企业级数据包括交易额、利润、成交额等；用户级数据包括身份证号码、密码、用户名、手机号码等。4 个层次是指按照数据的隐私程度进行分类，分为公开数据、内部数据、保密数据、机密数据。

2.2　大数据的应用思维

数据应用就需要关注数据给用户体验带来哪些提升，以及给数据公司经营带来哪些好处。企业基于数据的应用，可改进企业的商业模式，提升用户体验，增加企业的销售、营业额。公司根据不同的场景收集用户的数据。例如，阿里巴巴公司根据不同场景的用户行为给用户定义了 18 个标签，因为一个人在不同场景会表现出不同的面貌，在职场可能是干净利落的，在家中可能是随意慵懒的；不同的人其购物习惯也会不同，有的人看到合适的就买，有的可能会货比三家。所以，在应用数据时考虑用户标签有助于为用户提供更好的服务。

数据应用对于电商行业而言尤为重要，而让数据得到使用并产生价值是电商行业应用数据的关键。当下电商的商品十分丰富，但对于用户而言却难以浏览全部商品。如果用户有明确的购物诉求，就可以直接进入搜索引擎寻找商品；但是如果用户没有明确的诉求，只在网站提供的类目和活动等区域随意寻找，在页面内容有限、用户时间有限的现实下，面对非常大的商品量，如何满足顾客快速寻找商品就要解决如何将合适的商品放在首页这一关键问题。

下面是电商通过用户标签和商品的匹配实现用户购物效率最优的例子。首先通过数据中间层来生成用户的个性化标签，建立标签通常有以下三种方法。

方法一：通过业务规则结合数据分析来建立标签。这种类型的标签需要业务人员的经验。例如，业务人员可以通过用户购买的车辆区分不同类型的车主，当用户进入汽车配件类目时，就可以直接为用户推荐相应的汽车配件。

方法二：通过模型来建立标签。例如，用户在婚庆类目上浏览就显示其即将结婚，给用户打上婚庆标签，还可以持续观察，往后还可能给用户打上家装与母婴等标签。

方法三：通过模型的组合生成新的标签。任何一个模型都是有时效的，或者说企业内部不同的建模人员可能会对同一用户做出不同的应用，所以要对模型进行整合。一般情况下，可以采用模型投票的方法从多个模型中抽象出合适的标签（见图 2-2）。例如，在 3 个模型中，其中 2 个模型认为宝宝的年龄是 8 个月，另 1 个模型认为是 4～6 个月，则通过模型整合，大概可以确定宝宝的年龄为 8 个月。

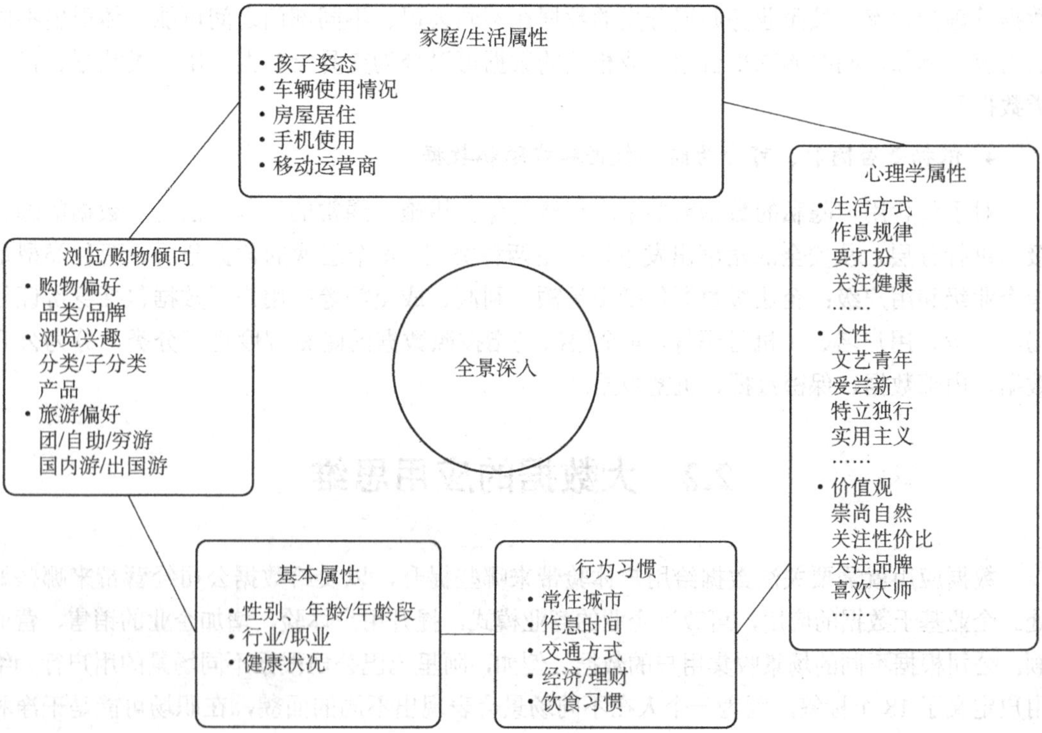

图 2-2　用户的个性化标签

2.3　大数据的价值思维

衡量数据是否有价值必须依据具体的数据和具体的场景。在一个场景中可能没有任何价值的一组数据，在另一个场景却有很大的价值。因此，对于一组数据，需要从不同维度估计它的价值，进而指导数据的筛选和应用。基于这一现象，参照数据类型和应用场景，我们可以总结成以下 5 个方面的数据价值。

2.3.1　识别与串联价值

能够锁定目标的数据就是具备识别价值的数据。例如，具有身份信息的居民身份证、手机号码等。电商运营网需要用户注册账号，而后通过用户登录账号来关联用户的数据。如果没有关联用户数据，电商只能知道哪些产品被浏览，但不知道被哪些用户浏览，所以就无法分用户行为为用户推荐其他商品。

当然，识别用户不止用登录账号这个办法，搜索引擎网页可以通过分析用户在不同网站的浏览记录，通过信息串联得到用户的特征信息，再为其推荐服务，提供数据价值支撑，这就产生了串联价值。

识别价值的意义很大，能够直接定位用户身份等重要信息，串联价值则能够借助不同的数据分析还原用户身份，对于企业而言这两种数据价值都需要关注。

2.3.2　描述价值

人们在网上常常看到一些人为的标准，例如“什么是好女人”，通过将感性的事物进行分类和数据化，实现描述事物的作用而产生的价值，通常被称为数据的描述价值。数据的描述价值往往是通过一些数据加工得到的。例如，对于一个目标用户，电商会通过分析其购买的商品数量、购买的频率等数据来分析用户的购物特点。同样，要了解一家企业经营情况，就可以通过分析企业的营业额、利润与信贷等数据。

2.3.3　时间价值

大数据时代，用户在电商平台的每一次购物记录对于电商而言都是重要的信息资源。大多数电商都是通过用户曾经购买过的数据来预测未来还可能购买哪些商品的。如果能够把用户的购买信息做一个长时间段的梳理，那么商家的预测可能会与现实很接近，因此，加入时间维度使数据产生了更大的价值。其具体分析可以基于大量历史数据对用户偏好进行分析，以提高商品推荐的精准度，还可以追求数据的实时价值。例如，用户通过百度搜索哪个化妆品好时，百度网可以跨平台推送一些品牌的广告，这些广告的厂商必须先获得推送权。

2.3.4　组合价值

部分数据本身没有价值，但是通过相关数据的组合就能获得新的价值。例如，通过网上商铺的好评率和累计好评率可以分析该商铺的诚信度。在这两种数据的基础上，还可以通过其他数据，如物流速度、与描述相符等信息，更加精确地分析商家的服务水平，为新用户提供购物参考。

2.3.5 预测价值

数据能够产生预测价值。数据的预测价值可以体现在两个方面。一是对商品进行预测。例如，在电子商务中，用户的历史数据可以用来预测用户可能购买的商品，系统推荐的商品被用户点击产生的预测价值。当然数据的预测价值要通过未来的数据来体现，商家只能通过预测提前做好准备。二是对企业经营状况的预测。企业将每天的活跃用户数据作为对企业经营状况的一个考核指标，企业依据活跃用户和新增用户的数据，可以进行经营策略的调整。

2.4 大数据的分析思维

中国有句古话："仁者见仁，智者见智。"不同的人，分析目标不同，角度也会不同。一般的分析主要可分为描述性分析、预测性分析、因果性分析和相关性分析四种。四者时而独立，时而紧密联系。比如在企业数据分析中，描述性分析进行的是经营行为的数据描述表达，预测性分析是根据清晰的描述，进行对比、评估，发现公司在经营中存在哪些问题、主要问题是什么、问题是否严重等。寻找问题和症结是企业经营管理中非常重要的工作内容。发现问题后要找到问题的成因，并经过严密的推理和数据的实证解决问题。通过因果分析把原因和影响因素找出来，并做出处理。在没有大量数据时，我们解决问题都只能依靠经验。

数据分析是数学的完美应用，可以通过数学计算找出数据之间的关系，但是任何的分析其主体都是人，数学上的分析结果只能为判断提供辅助作用，不同的数据特征提取和不同的数据抽样都有可能会导致不同的分析结果。数据分析其实是有思维的，它需要结合具体的场景和业务背景条件来进行，同时也受很多意外因素的干扰和影响。例如，诸葛亮的《隆中对》曾对当时的国家格局进行了准确分析，并预测到了三分天下的格局，由此提出了三国鼎立最终统一的路线图。可是这样的宏图大略因为关羽的大意失荆州这一意外因素，导致整体战略无法继续实施，夷陵之战更是让蜀汉彻底伤了元气，最终导致孔明出师未捷身先死的结局。

数据分析时需要我们懂得业务，对数据的分析也是对数据有角度的统计挖掘，而这个角度来自对业务的理解和自身的知识背景，为了让大家理解不同的数据分析思维，我们以一家面向企业服务的公司为例，针对"收入变化"这一分析项目，6个不同知识背景的分析师会从完全不同的角度入手得到不同的分析结论（见表2-1）。

表 2-1 不同知识背景的分析师会从不同的分析角度入手得到不同的分析结论

角色	知识背景	分析的角度	使用的数据源
数据监控人员	对历史收入数据和趋势比较熟悉	收入曲线的自然变化、周期性、波动范围受产品流量影响等	一段时间周期的客户消费数据
产品经理	对负责的产品线熟悉	近期更大的产品更新和上线、产品策略的变化等	产品变更逻辑和表现数据、相关产品消费数据
运营客服	对客户情况比较了解	客户近期消费情况、客户投诉、客户特征、行业风险等	客户账户的消费数据
咨询师	经常调研国家政策与行业报告	国家政策与行业大环境、经济周期波动、竞争对手近期动作等影响	行业发展报告、相关新闻、较长周期数据
经济学者	从事学术研究的工作，对经济机制有较多理论研究	市场供需关系发生变化，从经济角度对产品需求和供给的细致分析	行业新闻、消费者行为调研等
营销专家	经常组织运营的营销活动，用各种手段促进广告销售	营销活动的影响、消费者心理学的分析	客户调查问卷、营销相关数据、运营活动数据等

分析人员的角色不同，知识背景不同，分析的思路也会不同。数据分析是用来验证思路和启发灵感的，不能代表思考本身，对业务的理解和判断才是数据分析的灵魂。对数据指标做出正确的归因和判断是逻辑推理，并需要据此产生对业务切实有效的改进建议和执行方案。数据分析要产生价值，需要有两个关键点：第一，特征能被数字化；第二，目标能被量化。大数据分析的目的是通过数据解决业务问题，数据越“大”越有价值，业务上要解决的问题是清晰的，目标量化也是清晰的，通过选择合适的数据特征进行数据分析，数据的价值就能得到不断加强。

2.5 大数据分析的特点

大数据分析在分析方法上与传统数据分析没有本质不同。大数据分析的核心工作是人对数据指标的分析、思考和解读。但它们在对统计学知识的使用上，存在不同。“传统数据分析”使用的统计知识主要围绕“能否通过少量的抽样数据来推测真实世界”的主题展开，比如衡量一次抽样统计的置信性（能否从统计概率的角度相信）等。而大数据时代，由于互联网和长尾经济的兴起，涌现出大量的个性化匹配场景（购物推荐系统）。这些场景中可供划分的数据特征非常多（用户的特征、商品的特征、场景的特征、市场环境的特征），同时又累积了大量的历史样本，使得“大数据分析”的主题转变成“如何设计统计方案，可得到兼具细致和置信的统计结论”。大样本（大数据）使大（海量）特征成为可能，大特征使大样本发挥价值。

大数据分析模型与机器学习模型有本质差别。传统的数据分析中，大部分是将机器学习模型当作黑盒工具来分析数据的。黑盒的意思是只关心模块的输入和输出，但不清楚内部的实现原理。而大数据分析，更多的时候是将黑盒与白盒紧密结合，产出数据分析报告，同时包括业务系统中的建模潜力点，产出的模型和效果评测，后续基于此来升级产品。在大数据分析的场景中，数据分析往往是数据建模的前奏，数据建模是数据分析的成果。

在企业数据分析中，普遍而典型的数据分析场景有 3 个：掌握业务状态、分析业务潜力、评估业务进展。

（1）掌握业务状态。通过对业务核心指标的监控、解读和分析，掌握业务经营现状。其又细分两个场景：追查指标波动和以核心指标作业务总结。

（2）分析业务潜力。产品当前的主要问题是什么？下一步的发展潜力在哪里？从数据中挖掘问题原因并提出对策，指明产品下一步的改进方向。

（3）评估业务进展。新上线的产品策略或新推进的运营活动带来了多少业绩提升，项目的覆盖面和影响面如何，其中存在怎样的问题，如何进一步优化，等等。

总体来说，大数据的分析需要跨领域的知识复合型人才，拥有多学科背景的丰富知识的人才会有非常广阔的分析思路和更全局的视野，一个行业的问题和困局有可能在另一个行业以另一种形态出现过，并被妥善解决。同样，一个分析过多个行业的数据分析师会更加纯熟地抽象和运用大数据的分析手段。

按照百度的资深技术专家毕然老师的说法，经济学、心理学、统计学这三个学科对数据分析的辅助性最强。

数据主导的决策给商业界、教育、医疗、税收等带来变革，大数据分析也在一步步重塑政府的运作方式。也许在未来的某一天，我们所做的决策将依赖大数据自动做出，而人类的判断只能作为参考。例如，塔吉特公司的市场专员们向分析部求助，看是否有什么办法能够通过一个人的购物方式发现她是否怀孕。公司团队通过查看签署婴儿礼物登记簿女性的消费记录，发现妇女在三个月的时候会买很多无香的乳液，几个月之后会买一些营养品，比如镁、锌。公司最终找出了大概 20 多种关联物，这些关联物可以给顾客进行“怀孕趋势”评分。这些相关关系甚至使得零售商能够比较准确地预测预产期，这样就能够在孕期的每个阶段给顾客寄送相应优惠券，从而达到营销目的。

延伸阅读一

每个人生活的痕迹就是你的脚印。你的爱好、习惯、职业、经济情况、你去过的地方等都会有痕迹。电商企业如淘宝、京东、亚马逊等可以通过你在网站上的浏览痕迹、购买记录来分析你的行为偏好，从而个性化推荐商品。

1. 芝麻信用

根据其公布的基本计算模型，考虑了个人用户的信用历史、行为偏好、履约能力、身份特质、人脉关系 5 个维度的信息，而其中每一个维度其实都有相应的数据特征。

（1）信用历史。使用过的信用账户还款记录及相关历史。

（2）行为偏好。在购物、缴费、理财、转账等活动中的偏好及稳定性。

（3）履约能力。信用服务履约情况。

（4）身份特质。在互联网上留下的丰富、可靠的个人基本信息。

（5）人脉关系。好友的身份特征和好友互动的程度。

根据这些数据信息，我们可以分析和帮助个人提高自己的信用得分。这就是一种数据思维。

2. 世界杯预测

足球大数据指的是利用多次的数据统计进行分析，类似于统计学的原理，然后根据大概率事件去预测结果。微软、百度及高盛曾经参与了巴西世界杯小组赛阶段 48 场比赛的预测。结果，准确率达 58.33%的百度排在第一，紧随其后的是准确率为 56.25%的微软，然后是准确率为 37.5%的高盛。

（1）百度预测

世界杯的主要数据来源包括百度搜索数据、球队基础数据、球员基础数据、赔率市场数据。百度大数据通过分析过去 5 年 987 支球队的 3.7 万场比赛数据，29610 名球员 112 285 543 条相关数据，构建足球赛事预测模型。为了验证模型的准确性，百度使用了 2010 年南非世界杯的淘汰赛数据进行了验证，将此期间的比赛、球队、球员等相关数据，由预测模型计算出淘汰赛比赛结果，与当时的比赛结果进行对比，准确率为 75%。

百度用的是传统统计分析思维，注重近期球队和球员表现，这种预测比较保守，技术上也相对稳定，但受意外影响因素（天气、伤病、裁判等）的影响较大。

（2）高盛模型预测

其对世界杯决赛周 32 支国家队的胜算有它的一套评估方法（称为 Elo），在所有因素中分量最重。Elo 是高盛自设的动态系统，不断根据球队近期成绩更新评分和排名。它需要收集的数据包括世界各个国家足球队历史成绩数据库给出的各队排名得分；比赛中双方球队过去 10 场和 5 场比赛的进球数；比赛双方是不是巴西主场；比赛球队是不是美洲球队；还有以往各队在世界杯的进球数优于平时多少个。把这几项数据按照一定的权重相加一起，得出每一个球队在对阵另外某一个球队时平均会进多少个球。按照这种方式，从小组赛一路到最后决赛，每一场比赛双方的进球都可以期望一番，最后获得一个“最平均”的世界杯全程模拟结果。

以上的预测只是数据“大”，但并未融合多种因素综合考虑，仍然是经典的统计分析。

（3）微软利用 Excel 预测

微软必应大数据在之前曾多次成功预测奥斯卡奖项、投票大选。微软的预测考虑过往比赛历史、主场客场、地理位置、草坪状况、天气及“群众智慧”等多种因素，还使用大量的公开数据——博彩市场、民意调查、社交媒体及其他在线数据，利用大数据分析来判断每场比赛的结果，据说都是利用 Excel 来完成的。

延伸阅读二

俗话说：“天下武功，唯快不破。”数据分析的过程必须快速，如果太过缓慢，不管你分析的结果有多正确，都可能因为时效性的问题而变得一文不值。要理解管理者的意图，在企业经营管理中，数据分析结论需要为管理者提供联系实际的合情合理的分析。

阿里云小 AI 预测模型中的数据思维：它预测《我是歌手》总决赛歌王时，是基于神经网络、社会计算（Social Computing）、情绪感知等原理得出的，并且在参赛之前，背后的团队又对它进行了大量的学习和训练。预测是建立在广度搜索、处理海量信息、提取多维度数据样本、建立算法模型等一系列基础之上的。对比赛冠军的猜测，是建立在歌手人气、往期排名、现场音准、社交网络讨论情况等海量数据的处理、提取和建模上实现。

第3章　大数据采集与获取技术

随着信息社会的不断发展，数据已成为信息时代的基础生活资料与市场要素，与物质资产和人力资本一样重要，对数据的掌握与控制已成为商界的新财富。企业信息化程度的提高，使企业内部时刻产生着大量的内部数据，如交易记录、系统日志、用户浏览记录等。其中，企业数据资源包罗万象，一方面是在与外围客户、合作伙伴通过文本信息、社交网络、移动应用等形式进行互动时产生的大量数据，互联网促进了网络数据的形成，互联网成了大数据使用最广泛、认可度最高的数据源；另一方面是企业内部生产研发、综合办公、视频监控等日常经营管理活动产生的大量信息。这些分散在各处的数据，需要采用相应的设备或软件进行采集，本章内容主要介绍数据分布及数据渠道，内部数据与互联网数据的采集方法和策略，其中重点介绍了深网数据的采集方法。

3.1　数据源分布

开展大数据项目，其数据源一方面来源于本单位，本单位自营数据在理论上可以最大限度地共享，另一方面来源于外单位的数据，如：①与本单位类似的其他单位运营平台的物联网数据；②政府进行社会监管的运营平台数据，一般存放在各个子系统服务器，或散存在互联网中；③主要以网页的形式存放在互联网中的移动互联网数据。

互联网数据是比较特殊的外单位他营数据，这些数据存放在其他利益主体的服务器上，但是基于互联网的共享契约精神，所有人都可以通过网络访问的形式获得数据。因此，从互联网上采集相关数据是大数据项目建设中的必然选择。

政府数据是政府从治理、服务与监管社会架设的各个应用系统中搜集、整理和使用的各种数据。因为政府数据往往具有较高的真实性、权威性和实时性，所以采集政府数据是所有大数据项目建设的重要渠道。

物联网数据大多存放在各个利益主体的服务器上，无法像互联网数据那样允许其他用户自由访问。所以，对物联网数据的采集，往往需要和当事的利益主体进行商务合作洽谈，类似于其他利益主体运营平台的数据采集方式。

此外，值得一提的是，互联网数据与其他数据源在采集技术上有所不同，从互联网上采集数据利用的是爬虫技术。爬虫技术是按照一定规则，自动抓取万维网信息的方法，而其他数据源的采集，本质上是直接在数据库层面或软件应用层面进行的数据交换。所以人们可以从技术流上将数据的来源划分为内部数据和互联网数据。内部数据的特点是散布于各个利益主体，包括政府各级部门企事业单位的服务器中，数据的采集是在数据库或者软件系统中进行数据的导入和导出。互联网数据的特点是散布于互联网中的网络大数据，数据的采集与整合需要通过网络爬虫自动从 URL 中获得数据。

3.2 内部数据

内部数据专门指不同的利益主体（如政府各个部门、企事业单位等）出于自身职能定位和获益诉求而建设的 IT 系统，在完成本部门既定角色目标任务的过程中，有意或者无意地存储下来的各类数据，具体而言可分为以下 4 个方面。

3.2.1 政府内部数据

政府出于社会管理的目的而下设的各种部门，比如工商、税务、人社、医疗、教育、公安、法院等，其组织机构在有效完成部门职能目标任务的过程中，直接与间接存储了有关的各类数据，这些业务系统产生的数据主要以特定的结构存储在相应的数据中心。政府数据具有可信度高、完整性好、实时性强、实体对象描述指向明确等特点。政府内部数据蕴含着巨大的价值，能够为政府宏观政策的制定、国家安全防控、社会有效管理等提供数据支撑。但是出于数据安全及涉密的考虑及制度的规定，政府数据往往开放性弱，因此，获取政府内部数据的成本很高，例如，商务成本、技术成本和规避成本。不同政府部门运营和管理的数据往往仅与该部门独立职能相关，因此，各个部门运营和管理都缺乏全局性，这就意味着要获取更为全面的政府数据的代价更大。另外各级政府部门的信息基础设施建设不均衡，使得相同类型的数据在不同级别的政府部门的服务器上表现的形式也不完全一样，造成对获取数据整合的困难。国务院为了加快数据共享，在 2015 年 8 月 31 日发布了《国务院关于〈促进大数据发展行动纲要的通知〉》，为各级政府部门的数据开发及共享设定了时间表，这是大数据项目建设的有力保障。

3.2.2 各利益主体自营数据

政府各部门与企事业单位出于不同的职能与不同的效益需求，构建了不同应用目标的 IT 系统，比如 ERP、在线办公、在线交易等。这些系统在有效完成各个单位主营业务的同时产生了大量的相关数据，这些数据以本单位私有财产的形式存放在各自的服务器中。随着大数据时代的来临，各利益主体在数据的使用方面也出现了很大的变化。一个很重要的变化在于：互联网的不断发展和对各个领域的渗透，使得各个利益主体开始有意识地将互联网作为一个渠道或平台，将自有的 IT 系统从不同的层次和角度，通过改良嫁接到互联网之上，从而实现更好的产品设计、服务和营销等。这样就逐步淡化了各个利益主体自有内部数据和互联网数据的界限，单位内部的信息化应用环境不断变化，促使互联网数据逐渐被纳入各利益主体的内部数据管理。

如何有效利用这些已经泛化的内部数据并实现精细化管理，已成为当前大数据时代各利益主体的共同需求。特别是在利益主体营建的大数据项目里，如何对这些数据进行有效的集成和汇聚，是一个大数据项目建设的物质基础，但同样在数据的获取上存在着困难。

首先，不同的利益主体所拥有的数据在目标上应用的价值度是不一样的，往往各个利益主体的数据仅仅反映了某一个维度的价值趋势，而如何选择更多的彼此互补的数据源也是一个难题，不同主体的数据评估是一个技术问题。

其次，在获取不同的利益主体所拥有的数据时，合作单位是否愿意将数据提供出来，对方是否有合作的意愿以及在有意愿的前提下如何有效合作。不同利益主体的信息由于基础设施建设不均衡，相同类型的数据在不同利益主体的服务器上表现形式不完全一样，会给数据的获取带来极大的挑战。

3.2.3 物联网数据

物联网快速发展的同时也存储了海量数据，如何妥善处理及合理利用这些海量数据是物联网接下来发展的关键。根据物联网终端或相应 App 建设单位的不同，物联网数据以企业自营数据库的形式存放在各企业内部数据库中，或以开放共享的形式存放在互联网中。

3.2.4 互联网数据

互联网数据是在数据获取与整合技术上的分类，具体指那些通过不同的互联网应用产品而存储在互联网中的各类数据。这些数据也存放在不同利益主体的服务器中，不过由于互联网的开放、共享精神，人们可以通过浏览网页，或通过 App 的形式访问这些数据，这些数据的具体分布情况如下。

（1）门户网站出于其媒体属性发布的新闻、评论、报道等，比如新浪财经、搜狐、网易新闻等，这些数据往往具有较强的实时性和专业性。

（2）政府部门出于信息公开目的在互联网上公开的数据，比如法院公告、政府招标信息等，这些数据往往具有很高的权威性和可信度。

（3）社交网站出于某媒体属性和社会属性允许普通用户发表自媒体信息，在提供用户社交服务的同时，将用户的言论、轨迹等记录下来，这些数据往往具有一定的实时性和针对性。

（4）电商网站出于其营销目的允许用户自由购买产品，并查询、发布产品评论、销售量信息，这些数据往往具有一定的真实性和实时性。

（5）论坛是网友发表意见舆情的开放渠道和平台，用户在发表个人意见的同时，自己的价值倾向、事件评论等信息被网站记录保存为数据，这些数据往往具有一定的实时性和针对性。

事实上，还有大量的以其他形式分布的互联网数据，互联网数据中沉淀着大量反映客户个人爱好倾向、事件趋势等相关重要信息，而互联网数据的共享开放的特点，使得获取互联网数据的成本较低。虽然互联网数据采集成本低，但不意味互联网数据获取容易，在数据的实际采集中常常会遇到一些困难，例如，各个网站为了不同的体验，网站的模板结构往往不一样，通过统一的方法从互联网中采集数据的可能性很小。不同的网站出于对爬虫程序的监管，往往会设置很多障碍，对通过爬虫程序自行从互联网中获取数据而言也是一个挑战。互联网数据往往是以表格、图片、视频等形式存在的，这些数据在采集时也会遇到挑战。

3.3 内部数据获取方法

在企业内部组织经营、管理和服务等业务流中，产生了大量的数据并存储于企业内部数据中心。这些数据虽然都是由同一企业内部产生的，但从存储技术角度看，一般由不同的系统产生并以不同的数据结构存储在不同数据库中。如 ERP 系统产生的数据存储在 ERP 数据库中，在线交易平台产生的数据存储在交易数据库中。另外，企业内部的信息化系统中会产生一部分半结构化数据，如交易日志、用户浏览日志及各种监控设备所产生的视频、音频等非结构化数据。

企事业会涉及其他合作企业的数据，这些数据可能以合作企业通过数据推送或数据接口访问的方式提供，也可能会以合作企业直接提供数据库访问权限的方式提供，这样的数据其来源及数据组成形式呈现多样性、复杂性。

在大数据时代，现代企业的发展必须借助内部数据资源整合能力来提升企业的竞争优势，具体体现在如下几个方面。

（1）构建数据驱动应用来推进企业价值的实现。以自营数据为中心，围绕本单位既有价值设定，探索数据驱动的创新应用研发，以此拓展数据的可扩展价值。

（2）统一数据规范标准来推动数据共享开放。以自营数据为中心，围绕本单位既有业务逻辑，探索数据标准及接口规范，从而为数据的开放共享提供支撑。

（3）重视数据安全管理以完善数据安全保障。以数据安全为前提，与下游企业、安全管理机构、评测机构等第三方机构开展广泛合作，从企业管理制度、流程和技术手段等方面保障大数据生态圈的数据安全。

（4）推进数据融合管理来增加数据语义厚度。推进结构化和非结构化的数据融合式发展，将超文本、超媒体数据模型与面向对象数据模型进行融合，构建适合结构化和非结构化数据统一组织和管理的数据模型，为数据的有效利用提供支撑。

3.3.1 内部数据的 ETL 技术

由于不同用户和企业内部不同部门提供的内部数据可能来自不同的途径，其数据内容、数据格式和数据质量差别很大，甚至会出现数据格式不能转换，或者是数据转换格式丢失信息等问题。能否对数据进行有效的整合是对内部数据能否进行有效利用的关键因素，下面介绍的 ETL（Extraction Transformation Loading）就是一个整合内部数据的重要技术手段。

ETL，即数据抽取、转换、装载的过程。ETL 是将企业内部的各种形式、来源的数据经过抽取、清洗、转换之后进行格式化的过程。ETL 的目的是整合企业中的分散、零乱、标准不统一的数据，以便于后续的分析与运用。一个简单的 ETL 体系结构如图 3-1 所示。

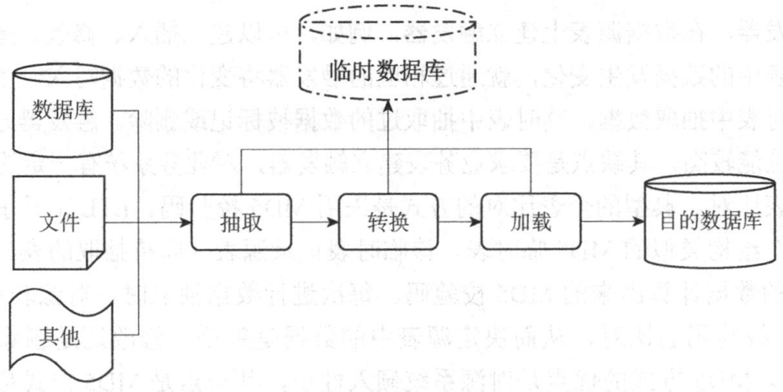

图 3-1　ETL 体系结构

ETL 技术主要是数据抽取、数据转换与加工、数据装载，ETL 相关工具一般会扩充一些功能，例如，调度引擎、脚本支持、统计信息等。

1. 数据抽取

数据抽取主要是指从数据库中抽取数据的过程，一般分为两种方式：全量抽取和增量抽取。

全量抽取就是对整个数据库的所有数据进行抽取，将数据库中所有的数据原封不动地从数据库中抽取后转换成自己的 ETL 工具可以识别的格式。不过，实际应用中很少用到全量抽取，主要原因是数据是实时增加的，全量抽取在每次抽取的时候会重复抽取上次已经抽取的历史数据，这样就会产生大量的冗余数据，同时降低了抽取的效率。

增量抽取就是只抽取上次抽取以来数据库中新增或修改的数据。增量抽取数据的关键是如何捕获变化的数据，必须做到能够将数据库中的变化数据以较高的准确率获得，同时不能对业务系统造成太大的压力而影响现有业务。常用的捕获变化数据的方法有日志对比、时间戳、触发器、全表比对等。下面具体介绍这 4 种方法。

（1）日志对比。通过分析数据库自身日志来判断变化的数据。以常用的 Oracle 数据库为例，Oracle 数据库具有改变数据捕获（Changed Data Capture）的特性。CDC 能够帮助用户识别从上次抽取之后发生变化的数据。利用 CDC 在对源表进行插入、更新或删除等操作的同时就可以提取数据，并且变化了的数据被保存在数据库的变化表中。再利用数据库视图，以一种可控的方式提供给目标系统。

（2）时间戳。通过增加一个时间戳字段，在更新修改表数据的同时修改时间戳字段的值。当进行数据抽取时，通过比较系统时间与时间戳字段的值来决定抽取哪些数据。对于支持时间戳自动更新的数据库，在数据库表其他字段的数据发生改变时，系统会自动更新时间戳字段的值。有的数据库不支持时间戳的自动更新，这就要求业务系统在更新业务数据时，手工更新时间戳字段。时间戳方式的性能比较好，数据抽取相对清楚简单，但对业务系统也有很大的倾入性（加入额外的时间戳字段），特别是对不支持时间戳自动更新的数据库，还要业务系统进行额外的更新时间戳的操作。

（3）触发器。在数据源表上建立触发器，例如，可以建立插入、修改、删除三个触发器，每当源表中的数据发生变化，就通过相应的触发器将变化的数据写入一个临时表，抽取线程从临时表中抽取数据，临时表中抽取过的数据被标记或删除。触发器方式的优点是数据抽取的性能较高，其缺点是要求业务表建立触发器，对业务系统有一定的影响。

（4）全表比对。典型的全表比对的方式是采用 MD5 校验码。ETL 工具事先为要抽取的表建立一个结构类似的 MD5 临时表，该临时表记录源表（即待抽取的表）的主键及根据所有字段的数据计算出来的 MD5 校验码。每次进行数据抽取时，对源表和 MD5 临时表进行 MD5 校验码的比对，从而决定源表中的数据是新增、修改还是删除，同时更新 MD5 校验码。MD5 方式的优点是对源系统倾入性小，其缺点是 MD5 方式是被动地进行全表数据的比对，性能较差。

2. 数据转换与加工

从数据源中抽取的数据不一定完全满足目的数据库的要求，如数据的格式不一致、数据不完整等，就需要对抽取的数据进行数据转换和加工。

（1）在 ETL 引擎中的数据转换和加工。ETL 引擎中一般以组件化的方式实现数据转换。常用的数据转换组件有字段映射、数据过滤、数据清洗、数据替换、数据计算、数据合并与拆分等。这些组件就如同一条流水线上的一道道工序，它们是可以插拔、任意组装的，各组件之间通过数据总线共享数据。有的 ETL 工具还提供了脚本支持，用户还可以用一种编程的模式定制数据的转换和加工行为。

（2）在数据库中进行数据加工。关系数据库本身已经提供了强大的 SQL 指令、函数来支持数据的加工，如在 SQL 查询语句中添加 WHERE 条件进行过滤、查询中重命名字段名与目的表进行映射、SUBSTR 函数、cake 条件判断等。相比在 ETL 引擎中进行数据转换和加工，直接在 SQL 语句中进行转换和加工更加简单清晰、性能更高。但有些应用过程比较特殊，使得 SQL 语句无法处理，这时就需要由 ETL 引擎进行处理。

3. 数据加载

将转换和加工后的数据加载到目的库中通常是 ETL 过程的最后步骤。加载数据的最佳方法取决于所执行操作的类型及需要装入数据的多少。当目的库是关系数据库时，一般来说有两种装载方式：第一种是直接用 SQL 语句进行插入、更新、删除操作；第二种是采用批量装载方法，如 BCP、BULK、关系数据库特有的批量装载工具或 API。

实践中大多数情况下使用第一种方法，因为它们进行了日志记录并且是可恢复的，而且批量装载操作易于使用，并且在装入大量数据时效率更高。当然具体使用哪种数据装载方法还要看业务系统的需要。

3.3.2 常用 ETL 工具说明

在大数据时代，数据的异构性是数据不能直接被利用的原因，所以异构数据的整合是数据应用分析的前提，数据整合结果将影响后续数据的准确性，ETL 过程是进行异构大数据整合的发展必备过程。目前有许多公司做 ETL 工具的开发，市面上的 ETL 工具众多，下面主要介绍几个常用的 ETL 工具，供大家参考。

1. DataStage

DataStage 是 IBM 推出的一套专门对多种操作数据源的数据抽取、转换和维护过程进行简化和自动化，并将其输入数据集市或数据仓库等目标数据库的集成工具。DataStage 工具可以处理多种数据源的数据，包括主机系统的大型数据库、开放系统上的关系数据库和普通的文件系统等。

2. Informatica PowerCenter

Informatica PowerCenter 是 Informatica 公司开发的为满足企业级的要求而设计的企业数据集成平台，并提供企业部门的数据和电子商务数据源之间的集成，如 XML、网站日记、关系型数据、主机和遗留系统等数据源。

3. Kettle

Kettle 是一款用 Java 编写的开源ETL工具，可以在 Windows、Linux、UNIX 上运行，数据抽取高效稳定。Kettle 工具集包含 4 个产品：①Spoon 是转换设计工具，使用户通过图像界面来设计 ETL 的转换过程；②Pan 是转换执行器，在后台批量运行由 Spoon 设计的 ETL 转换过程；③Chef 是任务设计器，允许用户创建新任务；④Kitchen 是任务执行器，批量执行由 Chef 设计的任务。

Kettle 中有两种脚本：transformation 和 job，其中 transformation 完成数据的基础转换，job 则完成整个工作流的控制。

下面以表格的形式来对比上述三种 ETL 工作的特点与区别，如表 3-1 所示。

表 3-1　三种主流 ETL 工具的特点与区别

对比维度	DataStage	Informatica PowerCenter	Kettle
数据源	目前市场上的大部分主流数据库，具有优秀的文本文件和 XML 文件读取和处理能力	大部分主流数据库，用于访问和集成几乎任何业务系统、任何格式的数据	大部分主流数据库
费用	需购买	需购买	免费开源
运行平台	Windows/UNIX/Linux	Windows/UNIX/Linux	Windows/UNIX/Linux
软件安装和升级	图形安装，安装步骤较为复杂	完全图形化安装，无须额外安装平台软件，且不需要修改系统内核参数	绿色安装，直接使用
处理性能	支持并行处理，DataStage 企业版可以在多台装有 DataStage Server 的机器上并行执行。并行执行能力使得 DataStage 所能处理数据的速度可以得到趋近于线性的扩展，轻松处理大量数据	并行运行多个 Session 提高性能，使用分区写目标数据以提高速度，建立多个 PowerCenter Server，并发运行多个 Session 和 workflow。结合 Streaming 和文件交换区的技术，优化硬盘和内存的资源利用。Session 支持多线程和管道技术（PiPeline）	使用 JDBC，性能与 DataStage、Informatica 相比要差很多，适合于数据量较小的 ETL 加工使用

（续表）

对比维度	DataStage	Informatica PowerCenter	Kettle
元数据管理	元数据信息不公开	元数据资料库可基于所有主流系统平台的关系型数据库（Oracle、DB2、Teradata、Informix、SQL Server 等）	无元数据管理
抽取容错性	没有真正的恢复机制	抽取出错可恢复，可实现断点续传的功能	无恢复功能
操作简便性	全图化开发，无编码	全图化开发，无编码，操作性简便	全图化开发，无编码，操作简单
编码支持	几乎支持目前所有的编码格式	支持编码格式丰富	支持常见的编码格式
系统安全性	只提供 Developer 和 Operator 两个角色，系统较安全	多范围的用户角色和操作权限（只读、操作和设计等），权限可以分到用户或组	简单的用户管理功能

3.4 外部数据及获取方法

互联网、物联网、云计算等信息技术的 IT 通信业迅速发展，推动现代信息社会步入了大数据时代。电子商务、互联网金融、社交网络等新型行业的飞快发展，极大地改变了人们的生活、购物与交往方式，并产生了大量的网络数据。网络大数据（Network Big Data）一般是指“人、机、物”三元世界在网络空间中彼此交互与融合所产生的，并且可以在互联网上获得的数量级极大的网络数据源。

3.4.1 网络数据源的特性与价值

网络大数据通常由不同的用户、不同的网站产生，所以数据形式呈现出不同的形式，如语音、视频、图片、文本等。

网络大数据中如微博、微信、Facebook、Twitter 等社交网络产生的数据具有很强的交互性。

网络大数据中用户不仅可以根据自己的需要发布信息，还可以根据自己的喜好转发信息，体现网络大数据可直接反映社会的状态。

在互联网和移动互联网平台上，每时每刻都有大量的数据发布，网络大数据在信息传播上具有时序性。有些信息在传播过程中会在短时间内引发大量新的网络数据的产生，并使相关的网络用户变成网络群体，体现了网络大数据及网络群体的突发性。此外，众多不同的网络用户所形成的网络数据源仍具有很强的不确定性。

在实践中，将网络大数据应用到生产生活中可以有效地帮助人们或企业对信息做出比较准确的判断。例如，在电子商务领域，通过对用户的商品浏览记录和购物单进行分析，可以挖掘用户的购物偏好，进而推荐需要购买的相关商品；在互联网金融领域，通过分析行业新闻、政府公告信息等进行预测，实现信贷风险的控制和管理；在社会网络领域，分析用户发布和转发的信息，挖掘用户的行为偏好，从而为企业竞争营销提供目标客户等。由于网络大数据具有的应用价值，对网络大数据进行有效的收集并充分挖掘成为扩展业务与市场的新兴突破点。

3.4.2　网络爬虫

对外部数据的搜集，通常通过网络爬虫进行。通俗地说，网络爬虫是一种自动化浏览网络的程序，或者说是一种网络机器人。网络爬虫从指定的链接入口，按照某种策略，从互联网中自动获取有用信息。网络爬虫广泛应用在互联网搜索引擎或其他类似网站中，以获取及更新这些网站的网页内容和检索方式。通过自动采集所有其能够访问到的页面内容，为搜索引擎做分拣、整理、索引下载页面等处理，使用户可以更快地检索到他们需要的信息。

网络爬虫开始于一张被称作种子的统一资源地址表（也称 URL 池或 URL 队列），将其作为抓取的链接入口。当网络爬虫访问这些网页时，识别出页面上所有的所需网页链接，并将它们加入待爬队列中，此后从待爬队列中取出网页链接按照规定策略循环访问，并一直循环直到待爬队列为空时爬虫程序停止运行。网页爬虫抓取网页的流程如下。

（1）指定入口 URL，将其加入种子 URL 队列中。

（2）将种子 URL 加入待抓取 URL 队列中。

（3）从待抓取 URL 队列中依次读取出 URL，从互联网中下载 URL 所链接的网页。

（4）将网页的 URL 保存到已抓取 URL 队列中，将网页信息保存到下载网页库中。从网页中抽取出需要抓取的新 URL 并加入待抓取 URL 队列中。

（5）持续上述（1）～（4）直到待抓取 URL 队列为空。

根据不同的应用，爬虫系统也有差异性，根据网络爬虫的功能可以分为批量型爬虫、增量型爬虫与垂直型爬虫三类，三种类型间的具体区别与联系如表 3-2 所示。

表 3-2　三类典型爬虫的区别与联系

爬虫类别	功能描述	使用场合
批量型爬虫	根据用户配置进行网络数据的爬取，此处的用户配置包括： （1）URL 或 URL 列表（往往也称为 URL 池）； （2）爬虫累计工作时间； （3）爬虫累计获取的数据量； （4）其他	（1）互联网数据获取的任何场合，往往用于评估算法是否可行及审计目标 URL 数据是否可用； （2）批量型爬虫是另外两类爬虫的基础
增量型爬虫	根据用户配置持续进行网络数据的爬取，此处的用户配置包括： （1）URL 或 URL 列表（往往也称为 URL 池）； （2）单个 URL 数据爬取频度； （3）数据更新策略； （4）其他	（准）实时获取互联网数据的任何应用场景（通用的商业搜索引擎爬虫基本都属此类）

（续表）

爬虫类别	功能描述	使用场合
垂直型爬虫	根据用户配置持续进行指定网络数据的爬取，此处的用户配置包括： （1）URL 或 URL 列表（往往也称为 URL 池）； （2）敏感热词； （3）数据更新策略； （4）其他	（准）实时获取互联网中指定内容（一般通过配置 URL 池或者热词的方式设定）、相关的数据（垂直搜索网站或者垂直行业网站往往需要此种类型的爬虫）

在实际操作中，往往会先设定一个有限数量的 URL 列表（数量可能很大），然后让爬虫从这些指定的 URL 池中按照某种策略顺序或并行地获取数据。任何一个被正式纳入 URL 池的 URL 需要经过“假设—验证”的流程评估，经过评估认为可行且可信的 URL 才会被纳入 URL 池中。而 URL 列表的设置与维护是一个经验性很强的工作，需要对目标应用场景有极强的敏锐度，实际操作中往往由各领域的用户（或专家）协同研判进行。

不论是哪种类型的爬虫，每一个 URL 都是互联网中的一个网页，而互联网中的每一个网页都是通过网页中的 URL 链接扇出到另外的 URL 中的，那么在抓取一个具体 URL 中的数据时，如何处理这个 URL 中扇出的 URL 链接呢？这就是网络爬虫数据抓取的策略。网络爬虫抓取策略是指在网络爬虫系统中决定 URL 在待抓取 URL 队列中排列顺序的方法，常见的网络抓取策略有 4 种，如表 3-3 所示。

表 3-3　不同的抓取策略特点比较

抓取策略	描　述	特　点
深度优先策略	从 URL 池中选择某 URL，然后按深度优先遍历以该 URL 为根节点的所有 URL 网页内容，然后取出 URL 池中下一个 URL，继续上述策略循环至 URL 池遍历完	抓取深度大，但易导致无限抓取，使得爬取过程无法收敛
广度优先策略	按照广度优先搜索思想，逐层抓取 URL 池中的每一个 URL 内容并将每一层的扇出 URL 纳入 URL 池中，按照宽度优先策略继续遍历	抓取宽度广，抓取过程容易控制，有效减轻服务器的负载，但易造成 URL 大量聚集而导致 URL 池溢出
局部 PageRank	借鉴 PageRank 思想，在 URL 池和已抓取网页组成的网页集合中计算 URL 池中 PageRank 值并以此进行排序，然后按照此顺序遍历各个 URL	网络环境中，由于广告链接、作弊链接的存在，易导致 PageRank 值不能完全刻画其重要程度，从而导致实际抓取数据无效
OPIC 策略	OPIC 策略将每个网页赋予相同的“金币”，每当下载某个页面 P，则将页面 P 拥有的“金币”平均分配给网页中包含的链接页面。待爬队列中链接依“金币”排序	OPIC 策略计算速度快于局域 PageRank 策略，是一种较好的重要性衡量策略，适合实时计算场合

3.4.3　网络爬虫应用注意事项

在大数据建设过程中，针对互联网数据的收集，网络爬虫是从互联网上获取数据的有效手段。在具体操作中的一般流程如下：用户设定 URL 池和策略（整体策略和每一个 URL 的策略），爬虫软件系统（单机和分布式的）根据设定的策略，依次爬取 URL 池中的数据。在这个过程中还要注意以下几个问题。

（1）URL 的配置是一个需要用户与开发人员共同进行的工作：一方面需要从应用驱动的角度研判某个 URL 数据是否有用；另一方面需要从技术手段去评估该 URL 数据是否可以可信获取，在此评估过程中将新增爬虫需求反馈给爬虫开发团队。

（2）网络爬虫软件往往处于不断的迭代过程中，因为 URL 网页的结构和编程方式没有统一的标准，所以很难用同一爬虫软件抓取所有类型的网页数据。

（3）对于被抓取的网站而言，因考虑网络的负载会设置一些策略与方法来阻止爬虫系统的数据抓取运行，为此在制定爬虫策略时，除了需要考虑从纯粹的技术流配置相应的策略以外，还需要从爬取频率、网络代理等多角度进行配置。

（4）从一个具体的 URL 中获得的数据往往是一个长字符串，需要专门的技术手段进行分析保留用户感兴趣的信息。实践操作中一般通过两种策略：一种是在网络爬虫抓取该 URL 数据时自动解析，并把感兴趣的区域数据保存下来，其他的数据不予保存；另一种是将该 URL 数据全文保存在数据库中，后台另行程序自动读取、解析和转存。

（5）对从 URL 中读取的数据，需要及时进行必要的预处理，为后续的分析提供高质量的数据基础。必不可少的预处理内容有去重、结构化、自动摘要、标签化等。

①去重是将重复获取的内容剔除，仅保留其中一个版本，有效降低存储。同时在去重操作时，会将重复次数、转载 URL 等信息记录下来，重复次数可用于评估该 URL 数据的热度，转载的 URL 记录可以用于评估该 URL 的原创或转载偏好。

②结构化是将 URL 数据中结构化信息提取出来，以便对数据进行高层语义理解，根据目标应用场景及该 URL 数据特点设计结构化方式和方法。

③自动摘要是将 URL 数据以更短的文本加以描述，以便后续用户进行分析回溯时更扼要地了解每个 URL 的内容。

④标签化是为该 URL 数据打上不同的标签，以便为后续进行数据分析和研判提供基础的数据画像。一般的标签包括底层语义标签、情感语义标签、高级语义标签。因为每种标签都与应用相关（只是耦合度不同），所以非常需要相关领域知识的支撑。

（6）在进行实时 URL 数据分析的时候，热（新）词发现和主题发现通常是较常见的需求，前者专注于从实时的活性数据中发现新生的词汇；而后者专注于进行事件，发现和分析它具有重要的意义。

3.5　深网的数据及获取的方法

3.5.1　深网的含义

深网（Deep Web）是在 2000 年由 Bright Planet 公司首创的，用于表述那些将信息内容存储在检索数据库中而仅仅响应直接查询提问的网站。与深网相对的是表面网，其内容基本上是非结构化的HTML的信息，任何人都可以通过互联网来访问它。而深网的内容大多为结构化的数据库信息。美国的互联网专家、图书馆员 Chris Sherman 和 Gary Price 将其定义为“在互联网上可获得的，但传统的搜索引擎由于技术限制不能或者经过慎重考虑后不愿意作索引的那些网页、文件或其他高质量、权威的信息”。

3.5.2 深网数据的特点

深网是 Internet 上增长最快的新信息类型，深网网站在内容上比传统的表面网网站更专、更深，深网内容的全部价值是表面网的 1000～2000 倍；深网的信息内容与所有的信息需求、市场和领域高度相关；一半以上的深网内容存储在专题数据库中。95%的深网信息可以公共获取而无须付费或订阅。可以确定深网的规模远远大于表面网，且将会持续性地高速增长。

从广义上说，Deep Web 的内容主要包含 4 个方面：第一，由于缺乏被指向的超链接而没有被搜索引擎索引到的页面；第二，Web 上可访问的非网页文件，如图片文件、PDF 和 Word 文档等；第三，通过填写表单形成对后台在线数据库的查询而得到的动态页面；第四，需要注册或其他限制才能访问的内容，这些资源无法通过普通搜索引擎找到，主要有技术原因、商业原因和知识产权等原因。深网数据采集是通过对网站中所提供查询接口的提交查询来获得的。每个查询接口支持在若干个属性上进行查询，这和对搜索引擎的访问在某种程度上来说是相似的，但 Deep Web 数据和搜索引擎之间在以下 3 个方面有着很大的区别。

（1）搜索引擎的搜索结果是网页，而 Deep Web 中的搜索结果主要是结构化的数据。

（2）Web 数据库通常有复杂的接口，而搜索引擎的接口较为简单，一般是关键字搜索。

（3）搜索引擎对结果排序的根据是搜索结果与所提交查询的相似性，而 Web 数据库则是根据结果对 Deep Web 中的信息进行获取，即通过某个属性的值。

3.5.3 深网数据的获取方法

对于一个特定的站点而言，可以通过手工编写或者在包装器、生成器的辅助下给出爬虫脚本，从而获取尽可能多的深网数据。但是，这种方法需要消耗大量的人力资源，并且因其针对特定的网站和查询接口，致使其可扩展性非常差。为了解决这一问题，可以构造一个通用的深网爬虫实现一次性爬取多个站点的深网数据。对于深网采集任务可分为两大子问题：查询接口识别和自动填写表单。

查询接口识别问题在很早就有研究，例如，采用包含视觉布局在内的多种方法来解析 HTML 表单或通过对 HTML 表单进行语法分析来自动发现深网数据资源；在视觉面布局的基础上，增加了文本相似性启发式规则，实现将 HTML 表单与特定领域关联起来以完成表单自动填写功能；在此，通过假定 HTML 表单遵循一个隐藏的语法规则，进而构造了一个存在二义性的语法，并编写出一个解析器对其进行处理；通过构造页面分类器和表单分类器从而自动寻找与集成任务相关的深网数据库。

为了得到响应页面，必须填写表单并提交表单。也就是说要给出具体的查询参数，当前用来解决这一问题的方法有两类：一类是基于领域知识；另一类是领域无关探测。前者使用启发式规则将表单的域与领域概念关联起来，再由此输入与领域相关的参数；而后者则基于采样迭代式从查询结果中获取查询关键词，借此以较少的查询次数来获取尽可能多的查询结果。

除了上述两大问题，在自动填写表单问题中，在深网数据获取的研究中，研究者通常还要关注如何通过发起较少的查询来获取尽可能多的查询结果。他们通常假定网站会返回与查询条件相匹配的所有结果。但是在实际生活中，我们只会关注与特定主题相关的查询结果。例如，关心体育新闻的人并不希望看到很多政治相关的内容。而且，由于和特定查询条件匹配的结果可能有很多，所以站点往往只会返回最相关的那些结果而不是返回所有的结果。所以，对于前者，有研究关注如何使用尽可能少的查询次数获取尽可能多的与特定主题相关的查询结果；对于后者，有研究通过使用基于文档频率的算法得到结果在给定区间的查询。当然，除了上述问题，和深网数据采集任务相关的问题还有很多。

第 4 章　大数据存储与管理技术

我们生活在一个信息爆炸的时代，据 IDC 预测，2025 年全球数据总量将达到 175ZB（1ZB=10 万亿亿字节），而其中的 30%为实时数据。如何稳定地存储大量的数据，已经成为一个难题。这个难题背后，存储行业一直默默地支撑科技网络的发展，与我们的生活息息相关。从最早应用于存储纺织行业图案的打孔纸卡，到半导体、硬盘、闪存等的出现，存储介质在历史的长河中也处于不断的更迭演变中，推进了信息时代的发展进步。数据存储是进行后续分析、挖掘、利用的基础。本章从数据存储的基本概念切入，介绍目前常用的存储介质、存储架构和数据管理等技术。

4.1　数据存储的基本概念

一个完整的数据存储系统主要由存储设备、控制部件及管理数据调度的软硬件组成。在进行数据存储系统的设计和选型时，需要从多个维度设定顶层边界指标并逐层细化。本节将介绍存储容量、性能、可靠性和可用性、成本等数据存储系统设计时须考虑的主要指标。

4.1.1　存储容量

存储容量是指数据存储系统可存储的最大字节数，常用的存储容量单位包括 B、KB、MB、GB、TB、PB、EB、ZB 等，其中 1KB 是 2^{10}（1024）字节，后面每个单位都是前一单位的 1024 倍，因此 $1PB=1024TB=2^{50}B\approx1.1259\times10^{15}B$。

目前主流的桌面存储系统容量大多在 TB 级，而大型数据中心的存储容量可达 PB、EB 级甚至更高量级。随着存储容量的不断扩大，对存储系统的可靠性、可用性、可管理性和可扩展性的要求也越来越高。特别是在现今的大数据时代，数据被源源不断地产生和积累，这就要求数据存储系统的容量必须能够被灵活地扩展，以适应不断扩大的数据体量。

4.1.2　存储性能

衡量一个数据存储系统的性能，主要采用访问延迟、吞吐率、每秒读写次数等指标。

访问延迟是指上层软硬件向存储系统发起数据读写请求到存储系统响应这一请求所需要的时间，主要包括处理延迟、传输延迟、机械延迟等。以目前主流的存储器件来说，内存的访问延迟为纳秒级，固态硬盘的访问延迟为微秒级，串行高级技术附件（Serial

ATA，SATA）硬盘的访问延迟为毫秒级。

数据吞吐率是指存储系统在单位时间内能够读取或写入的数据量，一般又分为读取吞吐率和写入吞吐率。数据吞吐率的单位为 MB/s、GB/s 等。数据吞吐率反映了数据存储系统在数据读写的过程中的数据存取速度，根据工作负载的不同，又可分为连续读写吞吐率和随机读写吞吐率。

每秒读写次数是指存储系统每秒能够响应的访问请求数量。对于单一存储设备来说，这一指标反映了其随机读写性能；对于存储集群等需要同时响应多个主机存取请求的存储系统来说，这一指标则部分反映了其并发访问性能。

4.1.3　存储可靠性和可用性

数据存储系统的首要功能就是可靠、完整地保存数据，因此可靠性和可用性可以说是数据存储系统最重要的指标。

可靠性是指产品在规定条件下和规定时间内，无差错地完成规定任务的概率。在工程实践中，往往用故障率和平均故障间隔时间（Mean Time Between Failures，MTBF）来衡量系统的可靠性，而故障率和 MTBF 呈互为倒数的关系。举例来说，某数据中心有 100 块硬盘，在 1 年之内出现了 4 次故障，其故障率为 4/100=0.04 次/年，平均故障间隔时间则为 1/0.04=25 年。

从发生故障开始到修复完成、系统恢复正常工作的平均时间称为平均修复时间（Mean Time To Recovery，MTTR）。

可用性是指在一定时间内，可正常工作的时间所占的比例。根据 MTBF 和 MTTR 两个指标的定义可以得到可用性的计算方法：

$$\text{可用性} = \frac{\text{MTBF}}{\text{MTBF} + \text{MTTR}}$$

假设前述数据中心的 MTTR 为 5 小时，则该数据中心的可用性约为 0.999977，即 99.9977%。在衡量系统可用性时，往往采用可用性结果中小数点后面 9 的个数来表示，上述数据中心达到了 4 个 9 的可用性。对于提供在线数据存储服务的存储系统来说，其可靠性至少需要达到 5 个 9 的标准，即可用性需超过 99.999%，也就是平均年故障时间少于 5 分 15 秒。

数据存储系统的可靠性反映了系统运行的稳定程度，而可用性还体现出系统可维护性的高低，因此可靠性高的系统并不代表其可用性也一定高。举例来说，数据中心 A 每年发生 5 次故障，每次平均需要 10 分钟进行修复，而数据中心 B 每年发生 1 次故障，平均需要 3 小时进行修复，虽然数据中心 A 故障次数更多，可靠性较差，但是其每年仅有 50 分钟的时间不可用，相较每年有 3 小时不可用的数据中心 B 来说具有更高的可用性。

在工程实践中，由于数据存储系统十分重要，所以既需要其有良好的可靠性，也需要其有很高的可用性。这一目的的达成，不但需要依靠质量优秀的存储设备，更重要的是对存储系统的架构进行合理的设计，通过设置数据副本、设备冗余、研发快速无缝切换机制等方式取得高可靠性和高可用性。另外，数据副本的引入又带来了数据一致性的问题，特别是在分布式存储系统中，技术人员研发了一系列机制来保证数据副本之间的一致性，从而提升存储系统的可靠性和可用性。

4.1.4 存储成本

与绝大多数信息系统的成本构成类似，数据存储系统的成本也分为一次性建设成本和后期运维成本。其中，一次性建设成本包括采购或研发存储设备、存储控制器、存储网络设备、数据管理软件等软硬件的成本，后期运维成本包括数据存储系统运行过程中的能耗、维护、更新等成本。

随着技术的进步，每单位容量的存储成本逐年下降，但是在数据存储系统的整个生命周期中，后期运维成本占据了更大的比例。越是长期运行的大型存储系统，其运维成本越高，如谷歌、Facebook、阿里巴巴、腾讯等互联网公司，其数据中心每年都要淘汰和销毁超过一定服役期限的硬盘，仅此一项就要支出大量的成本，谷歌甚至研发了用于销毁硬盘的专用机器人，可见硬盘更新数量的巨大。

因此，在存储系统设计和选型过程中，需要综合考虑各方面的因素，根据业务需求和未来发展预期，选择合适的存储系统架构和设备型号，以取得较好的性价比。

4.2 常用的数据存储介质

存储介质是数据存储的载体，是数据存储的基础。存储介质并不是越贵越好、越先进越好，我们要根据不同的应用环境，合理选择存储介质。早期的存储介质有纸带、卡片、磁带等，目前常见的数据存储介质有机械硬盘、固态硬盘、可记录光盘、U盘、闪存卡等。

4.2.1 机械硬盘

1. 组成

机械硬盘主要由盘片、磁头、磁头停泊区、磁头臂等组成，如图4-1所示。

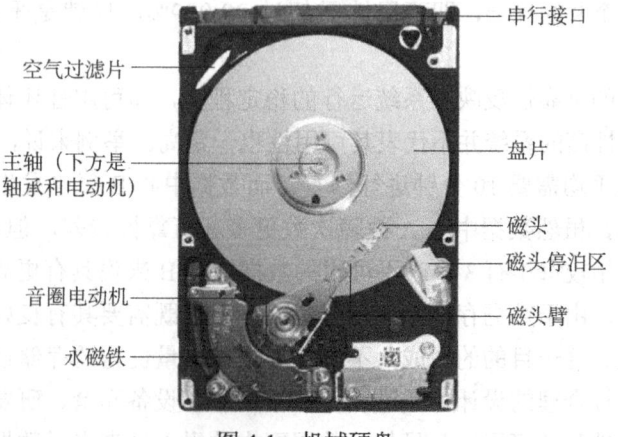

图4-1 机械硬盘

2. 读/写原理

机械硬盘的磁头可沿盘片的半径方向运动，加上盘片每分钟几千转的高速旋转，磁头就可以定位在盘片的指定位置进行数据的读/写操作。机械硬盘中所有的盘片都装在一个旋转轴上。每张盘片之间是平行的，在每个盘片的存储面上有一个磁头，磁头与盘片之间的距离比头发丝的直径还小，所有的磁头连在一个磁头控制器上，磁头控制器负责各个磁头的运动。另外，机械硬盘在读取数据的时候，各个部件都在做机械运动，所以会产生一定的热量和噪声。

3. 稳定性

机械硬盘都是磁碟型的，数据存储在磁碟扇区里，所以机械硬盘不能摔，通电时不能移动，否则易损坏。

4. 优缺点

优点在于便宜，性价比高，可以用较少的花费获得较大的容量，使用寿命长；缺点是相对固态硬盘来说，读/写速度较慢；防震性也没有固态硬盘好。

4.2.2　固态硬盘

1. 组成

固态硬盘（Solid State Drive，SSD）是用固态电子存储芯片阵列制成的硬盘，由控制单元和存储单元（Flash 芯片、DRAM 芯片）组成，如图 4-2 所示。

图 4-2　固态硬盘

2. 读/写原理

与普通磁盘的数据读/写原理不同，固态硬盘的读取直接由控制单元读取存储单元，不存在机械运动，因此读取速度非常快。相对机械硬盘，固态硬盘的读取速度提高了两倍多。由于固态硬盘属于无机械部件及闪存芯片，所以具有发热量小、散热快等特点，而且没有机械马达和风扇，工作噪声值为 0 分贝。

3. 稳定性

固态硬盘使用闪存颗粒（即内存、MP3、U 盘等存储介质）制作而成，所以内部不存在任何机械部件，这样即使在高速移动甚至伴随翻转倾斜的情况下，也不会影响正常使用。而且在发生碰撞和震荡时，能够将数据丢失的可能性降到最小。相较机械硬盘，固态硬盘更可靠。

4. 优缺点

固态硬盘的优点是读取和写入速度快，缺点是价格较高，有写入次数的限制，读/写有一定的寿命限制。

4.2.3 可记录光盘

常使用的可记录光盘分为CD-R、CD-RW、DVD±R/RW多种格式，如图4-3所示。

（1）CD-R是一次刻录、可多次读取的光盘，标准容量为650MB，现在常用的刻录容量为720MB。现在的CD-R支持非重复多次刻录，直到容量充满为止，但每次需要花费20MB的索引空间。CD-R的刻录速度高达52倍速。

（2）CD-RW是可以多次刻录、反复擦写的光盘，容量为650MB。写入方式有CD-R方式和FILE方式，前者刻录的信息兼容性好，后者一般只能在所刻录的机器上使用，但写入信息如同使用磁盘一样（使用FILE刻录软件），写入、删除比较方便。

（3）目前主流的DVD刻录盘有两种——DVD-R/RW和DVD+R/RW。前者为先锋等公司主推的DVD刻录格式，主要支持DVD视频刻录。后者为索尼、飞利浦及惠普等公司主推的刻录标准，主要支持数据刻录。

图4-3　可记录光盘

4.2.4 U盘

U盘是一种Flash存储设备，是用Flash芯片（Flash RAM，电可擦写存储器）作为存储介质制作的移动存储器，如图4-4所示。

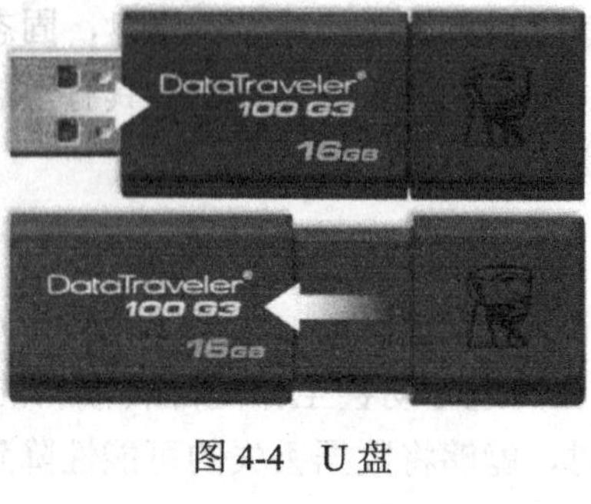

图4-4　U盘

U 盘采用通用串行总线（Universal Serial Bus，USB）接口，可反复擦写的性能大大加强了数据的安全性。U 盘使用极为方便，无须外接电源，支持即插即用和热插拔，只要用户计算机的主板上有 USB 接口，就可以使用。由 U 盘发展起来的 MP3、MP4 播放机也可当数据存储设备使用。

4.2.5　闪存卡

闪存卡一般用于数码类的产品中，如用于手机、数码照相机、数码摄像机、数码录音笔等，常用类型有 SD 卡、Mini SD 卡、Micro SD（TF）卡、CF 卡、记忆棒等，如图 4-5 所示。

目前使用最多的 TF 卡，全称为 Trans Flash，又称 Micro SD 卡，由摩托罗拉公司与 SanDisk 公司共同研发，在 2004 年推出。根据写入速率，TF 卡分为普通型和 HC 型（高速型），有的以标注 Class2～Class10 进行分级，其写入速率分别为 2～10MB/s。未标注的 TF 卡为 Class0，Class2 级 TF 卡能满足观看普通 MPEG2、MPEG4 格式的电影和数码摄像机拍摄的需求；Class4 级 TF 卡可以满足流畅播放高清电视（HDTV）和数码相机连拍的需求；Class6 级以上的 TF 卡满足单反相机连拍和专业设备的使用需求，一般在 TF 卡上用②～⑩表示 Class2～Class10 级。

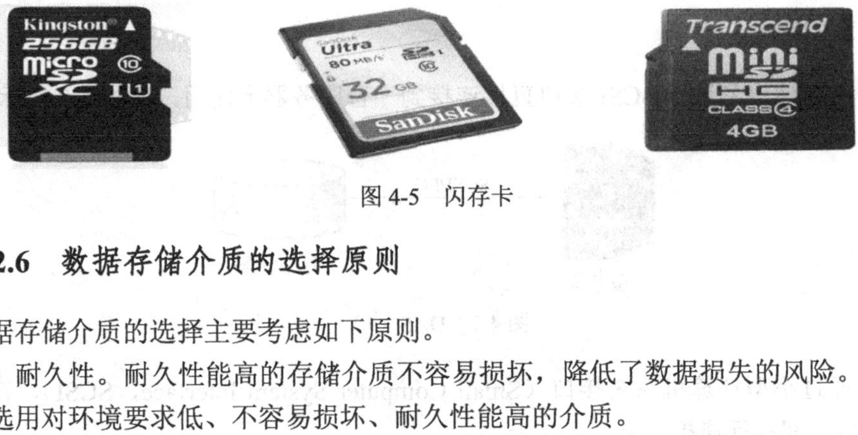

图 4-5　闪存卡

4.2.6　数据存储介质的选择原则

数据存储介质的选择主要考虑如下原则。

（1）耐久性。耐久性能高的存储介质不容易损坏，降低了数据损失的风险。因而存储数据应选用对环境要求低、不容易损坏、耐久性能高的介质。

（2）容量恰当。介质的高容量不仅有利于存储空间的减少，还便于管理，但会使存储的成本增加。对大容量数据而言，如果存储介质容量低，将不利于存储数据的完整性。介质的存储容量最好与所管理数据量的大小相匹配。

（3）低费用。介质的价格低，可以减少存储管理与系统运行的费用。

（4）广泛的可接受性。为减少 IT 业界对存储介质不支持的风险，我们应当选用具有广泛可使用性的存储介质，特别应注意选用能满足工业标准的存储介质。

4.3　数据存储模式

目前，数据有 3 种常见的存储模式（见图 4-6），它们被广泛应用于企业存储设备中：

附加直接模式（Direct-Attached Storage，DAS）；附加网络模式（Network-Attached Storage，NAS）；存储区域网络模式（Storage Area Network，SAN）。

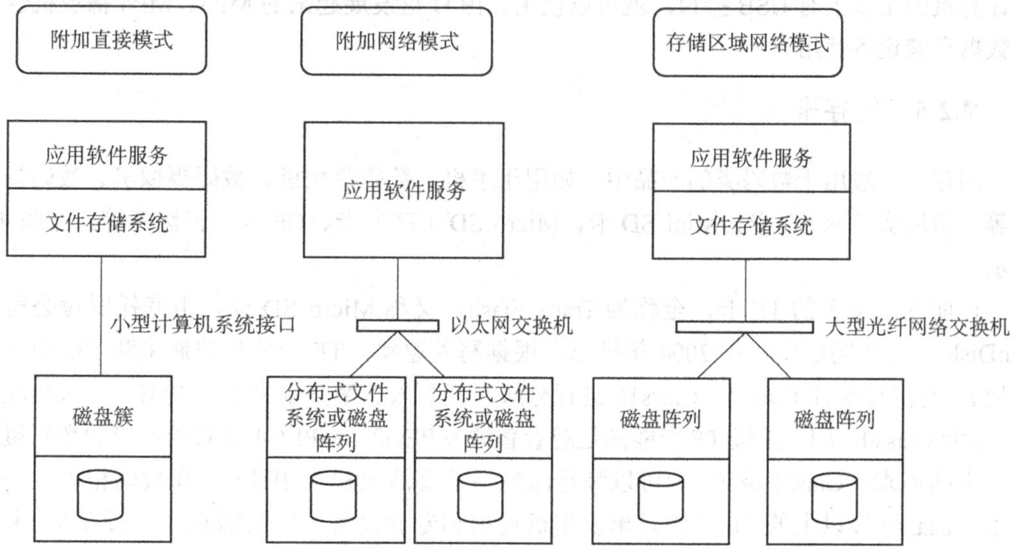

图 4-6　数据的存储模式

4.3.1　DAS

DAS 将存储设备通过 SCSI 接口直接连接到一台服务器上使用，如图 4-7 所示。

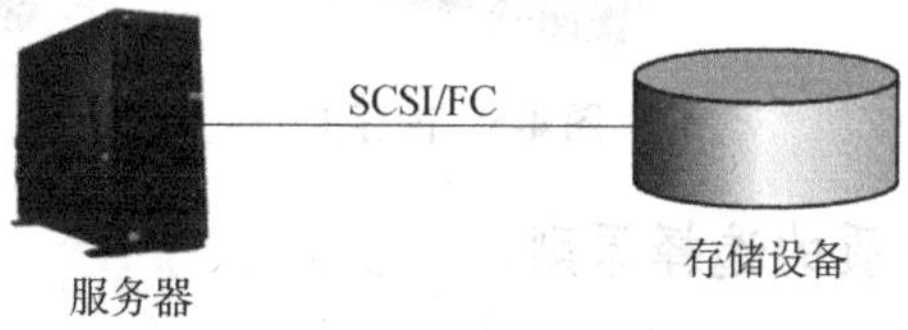

图 4-7　DAS（1）

DAS 通过小型计算机系统接口（Small Computer System Interface，SCSI），在计算机与外部设备之间进行连接。

DAS 依赖主机的操作系统来实现数据的读/写、管理、备份等工作，如图 4-8 所示。

1. DAS 的优点

（1）配置简单。DAS 购置成本低，配置简单，仅仅是一个外接的 SCSI 接口。

（2）使用简单。使用方法与使用本机硬盘并无太大差别。

（3）使用广泛。在中小型企业中应用十分广泛。

2. DAS 的缺点

（1）扩展性差。在新的应用需求出现时，需要为新增的服务器单独配置新的存储设备。

（2）资源利用率低。不同的应用服务器存储的数据量随着业务的发展出现不同，有部分应用存储空间不够，而另一些却有大量的存储空间。

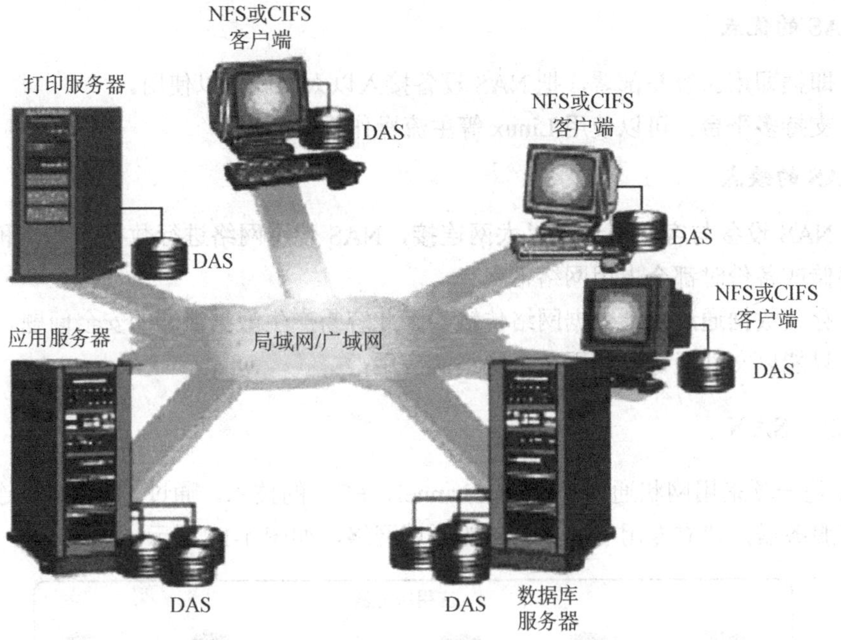

图 4-8　DAS（2）

（3）可管理性差。数据分散在应用服务器各自的存储设备上，不便于集中管理、分析和使用。

（4）异构化严重。企业在发展过程中采购不同厂商、不同型号的存储设备，设备之间的异构化严重，维护成本很高。

（5）I/O 瓶颈。SCSI 接口处理能力会成为数据读/写的瓶颈。

4.3.2　NAS

NAS 存储设备是一种带有操作系统的存储设备，也叫作网络文件服务器。NAS 设备直接连接到 TCP/IP 网络上，网络服务器通过 TCP/IP 网络存取与管理数据。具体应用有文档、图片、电影的共享等。

典型的 NAS 架构如图 4-9 所示。

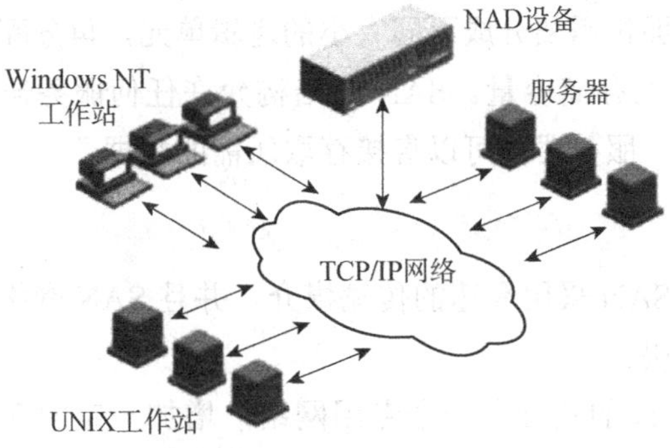

图 4-9　典型的 NAS 架构

1. NAS 的优点

（1）即插即用。容易部署，把 NAS 设备接入以太网就可以使用。

（2）支持多平台。可以使用 Linux 等主流操作系统。

2. NAS 的缺点

（1）NAS 设备与客户机通过以太网连接，NAS 使用网络进行数据的备份和恢复，因此数据存储或备份时都会占用网络带宽。

（2）存储数据通过普通数据网络传输，因此容易产生数据泄漏的安全问题。

（3）只能以文件级访问，不适合块级的应用。

4.3.3 SAN

SAN 是一项采用网状通道（Fibre Channel，FC）的技术，通过 FC 交换机连接存储阵列和应用服务器，建立专用于数据存储的区域网络，如图 4-10 所示。

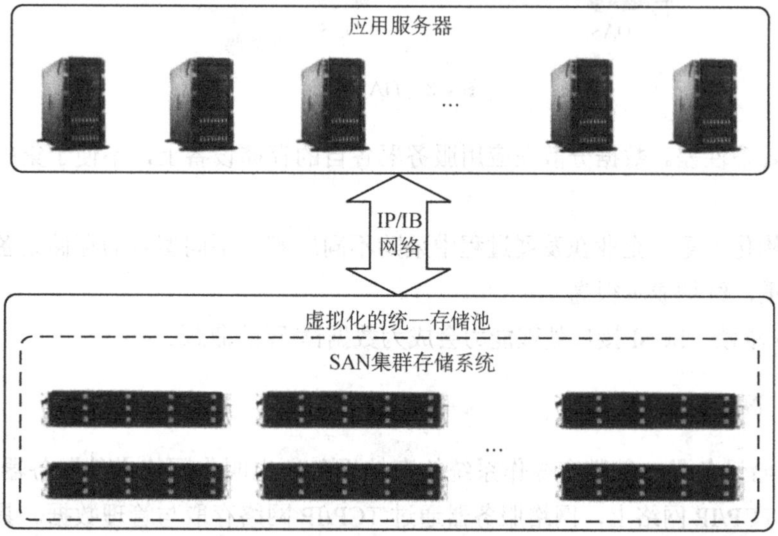

图 4-10 SAN

SAN 支持数以百计的磁盘，提供了海量的存储空间，解决了大容量存储问题；这个海量空间可以从逻辑层面按需要分成不同大小的逻辑单元，再分配给应用服务器。SAN 允许企业独立地增加它们的存储容量。SAN 的结构允许任何服务器连接到任何存储阵列，这样不管数据放在哪里，服务器都可以直接存取所需的数据。

1. SAN 的优点

（1）传输速度快。SAN 采用高速的传输媒介，并且 SAN 网络独立于应用服务器系统之外，因此存取速度很快。

（2）扩展性强。SAN 的基础是一个专用网络，增加一定的存储空间或增加几台应用服务器都非常方便。

（3）磁盘使用率高。整合了存储设备和采用了虚拟化技术，因而整体空间的使用率大幅提升。

2. SAN 的缺点

（1）价格贵。不论是 SAN 阵列柜还是 SAN 必需的光纤通道交换机，其价格都是十分昂贵的，就连服务器上使用的光通道卡的价格也是不易被小型企业所接受的。

（2）异地部署困难。需要单独建立光纤网络，异地扩展比较困难。

4.3.4　存储模型选择

（1）CPU 密集的应用环境。有些应用极其消耗 CPU 资源，其程序内部逻辑复杂而且对磁盘访问量不高。这种程序在运行时根本不用或只需少量读取磁盘上的数据，只是在程序载入的时候读入必需的程序数据而已。进程运行后便会使 CPU 的核心处于全速状态，这会造成其他进程在同一时间只能获得少量的执行时间，进而严重影响性能。

对 CPU 密集的应用环境，我们往往会采用 NAS，因为 NAS 环境容易搭建，成本较低。在 CPU 密集的应用环境里，系统对数据的访问要求不高，这种环境的主要功能就是计算。

（2）I/O 密集的应用环境。某种程序的内部逻辑并不复杂、耗费的 CPU 资源不多，但要随时读取磁盘上的数据，如 FTP 服务器。

对 I/O 密集的应用环境，我们往往会采用 SAN，因为 SAN 能提供快速的访问速度，非常适合系统对大量数据的读/写及数据的频繁读/写这种应用环境。

（3）对高并发随机小块 I/O 或共享访问文件的应用环境。这种应用环境，我们往往会采用 NAS。因为对小块的 I/O 读写并不会对网络造成大的影响，并且 NAS 提供了网络文件共享协议。

DAS 存储一般应用在中小企业，采用与计算机直连的方式；SAN 存储使用 FC 接口，提供更佳的存储性能；NAS 存储则通过以太网添加到计算机上。

4.4　大数据管理技术

在普通 PC 中，目前已经被广泛使用的存储管理系统有普通的文件系统、键-值数据库和关系型数据库。

在大数据时代，普通 PC 的存储容量已经无法满足大数据需求，需要进行存储技术的变革，我们采用分布式平台来存储大数据。

4.1.1　文件系统

1. 文件系统简介

在计算机中，文件系统（File System）是提供了命名文件及放置文件的逻辑存储和恢复等功能的系统。DOS、Windows、OS/2、Macintosh 和 UNIX-based 操作系统都有文件系统。在此系统中，文件被放置在分等级的（树状）结构中的某处。文件被放进目录（Windows 中的文件夹）或子目录中。

文件系统是软件系统的一部分，它的存在使应用可以方便地使用抽象命名的数据对象和大小可变的空间。

2. 操作系统和文件系统的关系

文件系统是操作系统用于存储设备（磁盘）或分区上的文件的方法和数据结构，即在存储设备上组织文件的方法。

操作系统中负责管理和存储文件信息的软件模块被称为文件管理系统，简称文件系统。文件系统是对文件存储设备的空间进行组织和分配，负责文件存储并对存入的文件进行保护和检索的系统。具体地说，它负责为用户建立文件，允许用户进行文件的存入、读出、修改等操作。

4.4.2 分布式文件系统

1. 分布式文件系统简介

普通文件系统的存储容量有限，但是大数据一般都是海量数据，无法在以前的普通文件系统中进行存储。

分布式文件系统把文件分布存储到多个计算机节点上，成千上万的计算机节点构成计算机集群。和以前使用多个处理器和专用高级硬件的并行化处理装置不同的是，目前的分布式文件系统所采用的计算机集群，都是由普通硬件构成的，这就大大降低了硬件上的成本开销。

计算机集群的基本架构如图 4-11 所示。

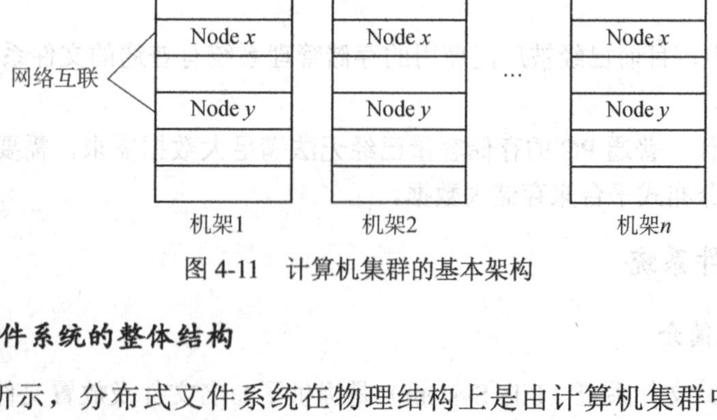

图 4-11　计算机集群的基本架构

2. 分布式文件系统的整体结构

如图 4-12 所示，分布式文件系统在物理结构上是由计算机集群中的多个节点构成的。这些节点分为两类，一类叫“主节点（Master Node）”，或者也被称为“名称节点（NameNode）”，另一类叫“从节点（Slave Node）”，或者也被称为“数据节点（DataNode）”。

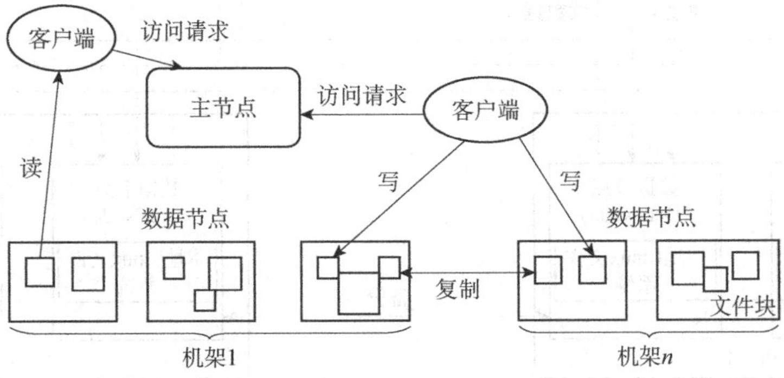

图 4-12　分布式文件系统的整体结构

3. Apache 下的分布式文件系统

Hadoop 是 Apache 软件基金会旗下的一个分布式系统基础架构。Hadoop 框架最核心的设计就是 HDFS、MapReduce，为海量的数据提供存储和计算。

MapReduce 主要运用于分布式计算，HDFS 主要是 Hadoop 的存储，用于海量数据的存储。HDFS 是一个分布式文件系统，具有高容错的特点。它可以部署在廉价的通用硬件上，提供高吞吐率的数据访问，适合那些需要处理海量数据集的应用程序。

HDFS 使用的是传统的分级文件体系，因此，用户可以像使用普通文件系统一样，创建、删除目录和文件，在目录间转移文件、重命名文件等。

在 HDFS 中，一个文件被分成多个块，以块作为存储单位，块的作用如下。

（1）支持大规模文件存储。文件以块为单位进行存储，一个大规模文件可以被拆分成若干个文件块，不同的文件块可以被分发到不同的节点上，因此，一个文件的大小不会受到单个节点的存储容量的限制，可以远远大于网络中任意节点的存储容量。

（2）简化系统设计。

①块大大简化了存储管理。由于文件块大小是固定的，因此就可以很容易地计算出一个节点可以存储多少个文件块。

②方便了元数据的管理。元数据不需要和文件块一起存储，它可以由其他系统负责管理。

（3）适合数据备份。每个文件块都可以冗余存储到多个节点上，大大提高了系统的容错性和可用性。

HDFS 采用了主从（Master/Slave）结构模型，如图 4-13 所示。一个 HDFS 集群包括一个名称节点（NameNode）和若干个数据节点（DataNode）。名称节点作为中心服务器，负责管理文件系统的命名空间及客户端对文件的访问。集群中的数据节点负责处理客户端的读/写请求，在名称节点的统一调度下进行数据块的创建、删除和复制等操作。每个数据节点的数据实际上是保存在本地 Linux 文件系统中的。

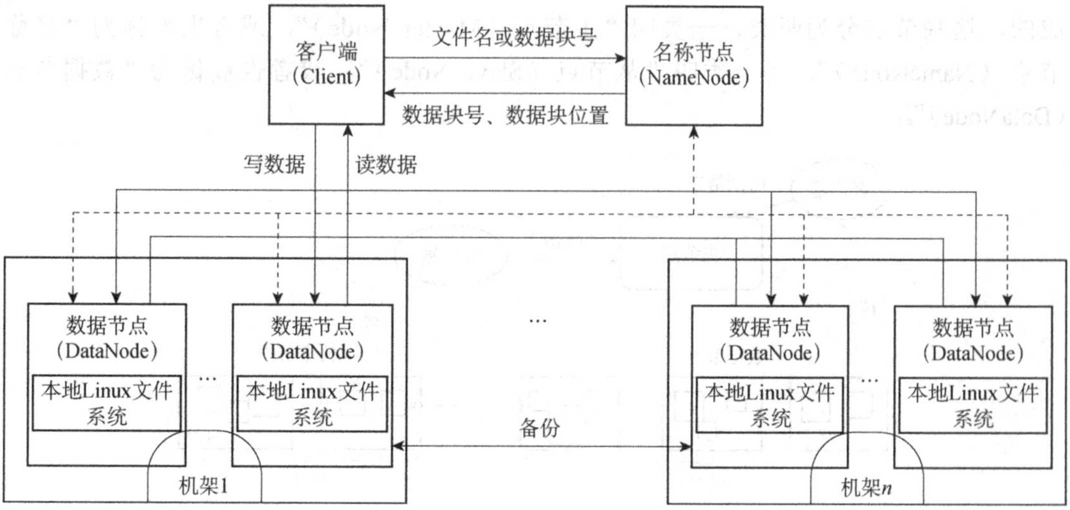

图 4-13　HDFS 的体系结构

下面详细介绍 HDFS 主要组件的功能（见图 4-14）。

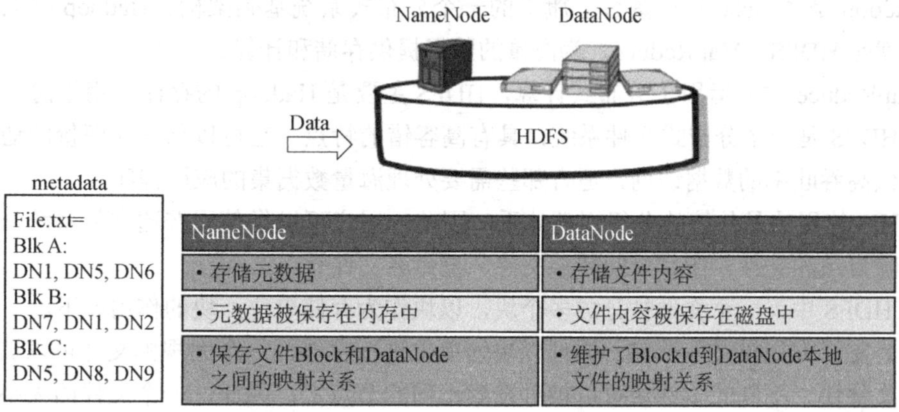

NameNode
DataNode
Data
HDFS
metadata
File.txt=
Blk A:
DN1, DN5, DN6
Blk B:
DN7, DN1, DN2
Blk C:
DN5, DN8, DN9
NameNode
DataNode
• 存储元数据
• 存储文件内容
• 元数据被保存在内存中
• 文件内容被保存在磁盘中
• 保存文件Block和DataNode之间的映射关系
• 维护了BlockId到DataNode本地文件的映射关系

图 4-14　HDFS 主要组件的功能

（1）NameNode。名称节点（NameNode）存储元数据，元数据被保存在内存中（磁盘上也保存了一份），保存文件 Block、DataNode 之间的映射关系；NameNode 记录了每个文件中各个块所在的 DataNode 的位置信息。

元数据的内容包括文件的复制等级、修改和访问时间、访问权限、块大小及组成文件的块。对目录来说，NameNode 存储修改时间、权限和配额元数据。

（2）DataNode。数据节点（DataNode）负责数据的存储和读取，数据被保存在磁盘中，维护 BlockId 到 DataNode 本地文件的映射关系。DataNode 定期向 NameNode 发送 Block 信息以保持联系，如果 NameNode 在一定的时间内没有收到 DataNode 的 Block 信息，则认为 DataNode 已经失效了，NameNode 会将其上的 Block 复制到其他 DataNode。

在实现上述优良特性的同时，HDFS 特殊的设计也使其自身具有一些应用局限性，主要包括以下几个方面：不适合低延迟数据访问；无法高效存储大量小文件；不支持多用户写入及任意修改文件。

4.4.3　数据库

数据库（DataBase）就是一个存放数据的仓库。这个仓库是按照一定的数据结构（数据结构是数据的组织形式和数据之间的联系）来组织、存储的，我们可以通过数据库提供的多种方式来管理数据库里的数据。

数据库家族如图 4-15 所示。

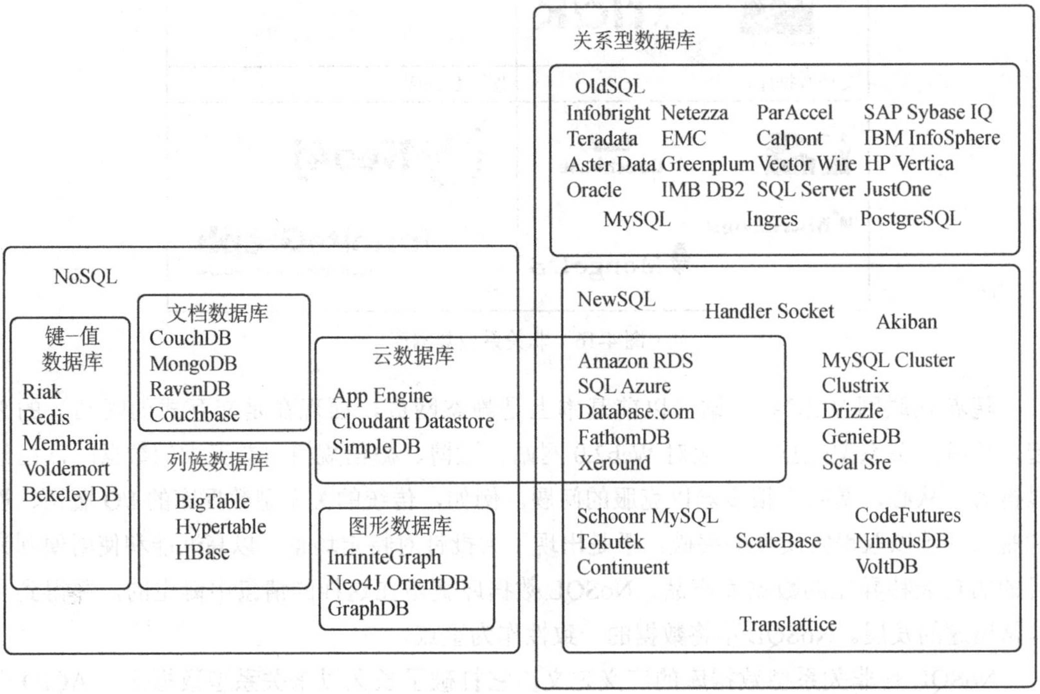

图 4-15　数据库家族

数据库诞生于 60 多年前，随着信息技术的发展和人类社会的不断进步，特别是 2000 年以后，数据库不再仅仅用于存储和管理数据，而转变成用户所需要的各种数据管理方式。

数据库的种类在不同的年代有不同的划分方法。按照目前业界的一种比较普遍的划分方式，数据库模型主要划分为两种，即关系型数据库和非关系型数据库。

1. 关系型数据库

关系型数据库把复杂的数据结构归结为简单的二元关系（即二维表格形式）。在关系型数据库中，程序对数据的操作几乎全部建立在一个或多个关系表格上，即程序通过对这些关联表的分类、合并、连接或选取等运算来实现对数据的管理。

2. 非关系型数据库

非关系型数据库也被称为 NoSQL 数据库，如图 4-16 所示。NoSQL 的本意是“Not

Only SQL”，指的是非关系型数据库，而不是“Not SQL”的意思，因此，NoSQL 的产生并不是要彻底否定关系型数据库，而是成为传统关系型数据库的一个有效补充。NoSQL 数据库在特定的场景下可以发挥出难以想象的高效率和高性能。

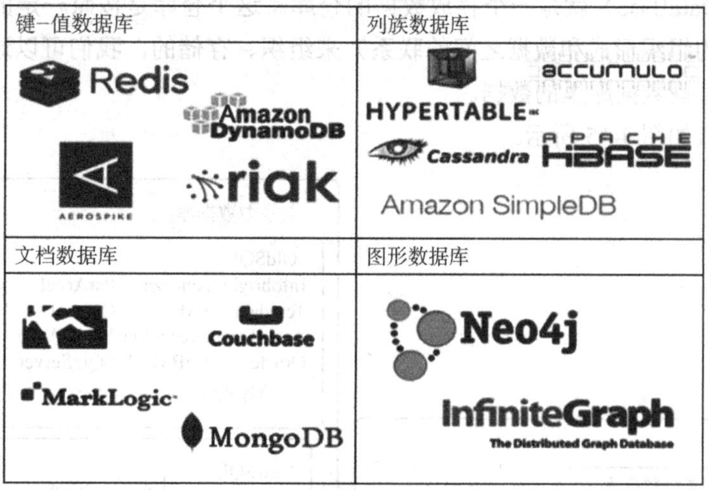

图 4-16　非关系型数据库

随着互联网 Web2.0 网站（以前基本上是静态网页，而现在是交互式的网站）的兴起，传统的关系型数据库在应对 Web2.0 网站、微博、微信规模日益庞大的数据时，已经显得力不从心，暴露出很多难以克服的问题。例如，传统的关系型数据库的 I/O 瓶颈、性能瓶颈都难以取得实质性的突破，于是出现了大批针对特定场景、以高性能和使用便利为目的的功能特异化的数据库产品，NoSQL 数据库就是在这样的情景中诞生的，并得到了非常迅速的发展。NoSQL 不将数据的一致性作为重点。

NoSQL 是非关系型数据库的广义定义。它打破了长久以来关系型数据库与 ACID 理论“大一统”的局面。NoSQL 数据存储不需要固定的表结构，通常也不存在连接操作。在大数据存取上具备关系型数据库无法比拟的性能优势。该术语（NoSQL）在 2009 年年初得到了广泛认同。当今的应用体系结构需要数据存储在横向伸缩性上才能够满足需求，而 NoSQL 存储就是为满足这个需求而诞生的。

NoSQL 典型产品包括 Memcached、Redis、MongoDB、HBase 等。

4.4.4　键-值数据库

键-值（Key-Value）数据库是一种 NoSQL 数据库，用户可以通过 Key 来添加、查询或者删除数据。因为使用 Key 主键访问，所以会获得很高的性能及扩展性。键-值存储非常适合不涉及过多数据关系和业务关系的数据，同时能有效减少读/写磁盘的次数，比 SQL 数据库存储拥有更好的读/写性能。

键-值数据库主要使用一个哈希表，这个表有一个特定的键和一个指针指向特定的数据。Key-Value 模型对于 IT 系统的优势在于简单、易部署、高并发。

1. 键-值对存储

键-值对存储是数据库最简单的组织形式。键-值对存储通常都有如下接口。

（1）Get（Key）。获取之前存储于某标示符“Key”之下的一些数据，如果“Key”下没有数据则报错。

（2）Set（Key，Value）。将“Value”存储到存储空间中某标示符“Key”下，使我们可以通过调用相同的“Key”来访问它。如果“Key”下已经有了一些数据，旧的数据将被替换。

（3）Delete（Key）。删除存储在“Key”下的数据。

2. 键-值数据库的优缺点

（1）优点。在键已知的情况下查找内容，键-值数据库的访问速度比关系型数据库快好几个数量级。

（2）缺点。在键未知的情况下查找内容，键-值数据库的访问速度是非常糟糕的。因为键-值数据库不知道存储的数据是结构的还是内容的，它没有关系型数据库中那样的数据结构，无法像 SQL 那样用 WHERE 语句或者通过任何形式的过滤来请求数据库中的一部分数据，它必须遍历所有的键，获取它们对应的值，进行某种用户所需要的过滤，然后保留用户想要的数据。

市场上流行的键-值数据库有 Memcached、Redis、MemcacheDB、Berkeley DB。

4.4.5　分布式数据库

HBase（分布式数据库）是一种 NoSQL（非关系型数据库）模型，经常用于分布式环境里，是一个分布式的结构化数据存储系统，是 Apache 的一个开源项目，是 Google 公司的 BigTable 的开源实现。HBase 的目标是处理非常庞大的表，可以通过水平扩展的方式，利用廉价计算机集群来处理超过 10 亿行数据和数百万列元素组成的数据表。

HBase 是一个疏松的、分布式的、已排序的多维度持久化的列族数据库。列存储数据库将数据存在列族（Column Family）中，一个列族的数据经常被同时查询。例如，如果有一个 Person 类，我们通常会一起查询其姓名和年龄，而不是薪资。在这种情况下，姓名和年龄就会被放入一个列族中，而薪资则在另外一个列族中。

若要使用 HBase，我们需要了解如下 6 个重要概念。

（1）表（Table）。HBase 采用表来组织数据。

（2）行（Row）。每个表都由行组成，每个行由行键（Row Key）来标识。

（3）列族（Column Family）。一个表有多个列族。

（4）列限定符。列限定符是 Column Family 的分类，每个 Column Family 可以有不同的分类。

（5）时间戳（Timestamp）。时间戳用来区分数据的不同版本。

（6）单元格（Cell）。在表中，通过行、列族、子列、时间戳来确定一个单元格，单元格中存储的数据没有数据类型，是字节数组 byte[]。

HBase 的结构示例如图 4-17 所示。

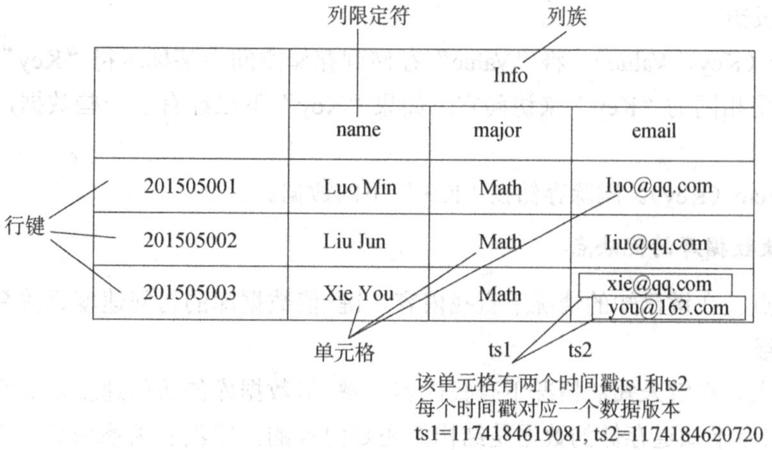

图 4-17　HBase 的结构示例

4.4.6　关系型数据库

1. 关系型数据库的特点

（1）关系型数据库是建立在关系模型基础上的数据库，现实世界中的各种实体及实体之间的各种联系均用关系模型来表示。

（2）所谓关系模型就是“一对一”“一对多”“多对多”等二维表格模型，因而一个关系型数据库就是由二维表及其之间的联系组成的一个数据组织。

（3）关系型数据库以行和列的形式存储数据，这一系列的行和列被称为表，一组表组成了数据库。

（4）关系型数据库里面的数据是按照“数据结构”来组织的，因为有了“数据结构”，所以关系型数据库里面的数据是“条理化”的。

2. 关系型数据库的基本概念

（1）表。表是一系列二维数组的集合，用来代表和存储数据对象之间的关系。它由纵向的列和横向的行组成。

（2）行。也称元组或记录，在表中是一条横向的数据集合。

（3）列。也称字段，在表中是一条纵向的数据集合，列也定义了表中的数据结构。

3. 结构化查询语言

结构化查询语言（Structured Query Language，SQL），用于对关系型数据库里的数据和表进行查询、更新和管理。常用操作介绍如下。

（1）创建数据库。CREATE DATABASE <数据库名> [其他参数]。

（2）查询。SELECT * FROM 表 WHERE 条件表达式。

（3）增加。INSERT INTO 表名(列名 1，列名 2，…) VALUES(列值 1，列值 2，…)。

（4）删除。DELETE FROM 表名[WHERE 条件表达式]。

（5）修改。UPDATE 表名 SET 列名=值[WHERE 条件表达式]。

4. 事务的 ACID 特性

事务的 ACID 特性包括原子性（Atomicity）、一致性（Consistency）、隔离性（Isolation）、持久性（Durability）。

（1）原子性。整个事务中的所有操作，要么全部成功，要么全部失败，没有中间状态。

（2）一致性。事务是按照预期生效的，一致性的核心一部分靠原子性实现，另一部分靠逻辑实现。

（3）隔离性。一个事务内部的操作及使用的数据对并发的其他事务是隔离的。事务的隔离级别一共有 4 种状态，可以在数据库中进行设置。

（4）持久性。在事务完成以后，保证事务对数据库所做的更改被持久地保存在数据库中。

常见的关系型数据库有 Oracle、SQL Server、MySQL、SQLite、PostgreSQL。Oracle 数据库适用于业务逻辑较复杂、数据量较大的大型项目开发；SQL Server 数据库的功能比较全面且效率较高，适用于中型企业或单位的数据库平台；MySQL 是开源产品，该数据库被广泛地应用在 Internet 上的中小型网站中；PostgreSQL 是开源产品，功能和性能都还不错，目前很流行；SQLite 是开源产品，是单机版数据库，功能比较简单，但是速度快，适用于小型软件和嵌入式场合。

4.4.7 数据仓库

数据仓库（Data Warehouse）是一个面向主题的（Subject Oriented）、集成的（Integrated）、相对稳定的（Non-Volatile）、反映历史变化（Time Variant）的数据集合。

Hive 是一个构建于 Hadoop 上的数据仓库工具，支持大规模数据存储、分析，具有良好的可扩展性。它的底层依赖分布式文件系统 HDFS 存储数据，并使用分布式并行计算模型 MapReduce 处理数据。Hive 定义了简单的类似于 SQL 的查询语言 HiveQL，用户可以通过编写的 HiveQL 语句运行 MapReduce 任务。

如图 4-18 所示的是 Hive 的应用流程。第一个阶段是从各种数据源获取数据，数据源可以是文档、关系型数据库等；第二个阶段是数据被抽取、转换和加载存放到数据仓库中；第三个阶段是分析和挖掘数据仓库中存储的数据，然后应用到各种场景中，如数据挖掘系统、报表分析系统、查询应用等。

图 4-18 涉及一些相关定义：OLTP 是传统的关系型数据库的主要应用，主要进行基本的日常事务处理，如银行交易；OLAP 是数据仓库系统的主要应用，支持复杂的分析操作，侧重决策支持，并且提供直观易懂的查询结果。

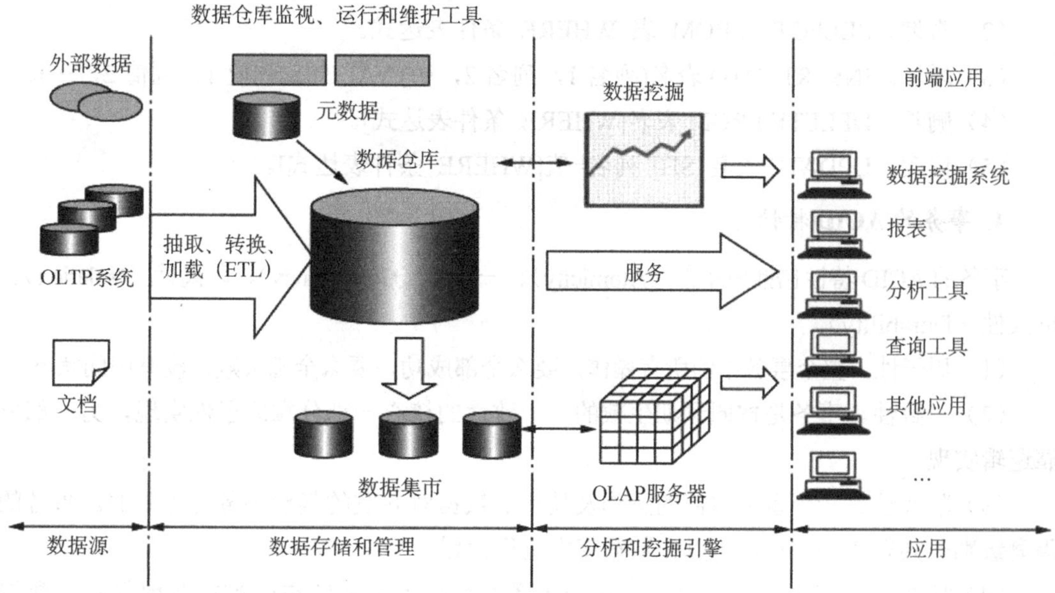

图 4-18　Hive 的应用流程

4.4.8　文档数据库

文档数据库会将数据以文档的形式存储。每个文档都是自包含的数据单元，是一系列数据项的集合。每个数据项都有一个名称与对应的值。此值既可以是简单的数据类型，如字符串、数字和日期等；也可以是复杂的类型，如有序列表和关联对象。数据存储的最小单位是文档，同一个表中存储的文档属性可以是不同的，数据可以使用 XML、JSON 或者 JSONB 等多种形式存储。

MongoDB 是一种用得比较多的文档数据库，是非关系型数据库中功能最丰富、最像关系型数据库的数据库。它支持的数据结构非常松散，类似 JSON 的 BSON 格式，因此可以存储比较复杂的数据类型。

1. MongoDB 的基本概念

（1）文档。简单地说，文档可以被理解为一个文本文件，不过这个文本文件有固定的格式，即使用 BSON 的有序键-值对；文档就相当于表中的一条记录；MongoDB 的文档可以使用不同的字段，并且相同的字段可以使用不同的数据类型；文档中的值不仅可以是在双引号中的字符串，还可以是其他几种数据类型（甚至可以是整个嵌入的文档）；MongoDB 区分类型和大小写。

（2）文档的键。键是字符串类型，MongoDB 的文档不能有重复的键。

（3）集合。多个文档组成一个集合（见图 4-19），相当于关系型数据库的表，通常包括常规集合及定长集合；集合存在于数据库中，无固定模式，即使用动态模式，也就是说，集合不要求每一个文档使用相同的数据类型及列。

（4）数据库。一个 MongoDB 实例可以包含多个数据库；一个数据库可以包含多个集合；一个集合可以包含多个文档。

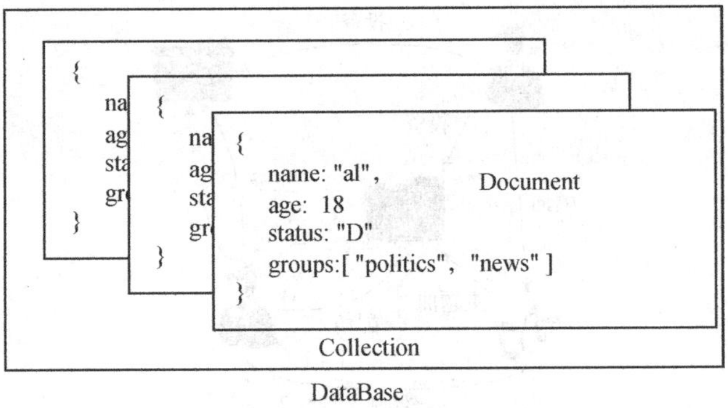

图 4-19　多个不同的文档组成了一个集合

2. MongoDB 的适用场景

（1）更高的写入性能。在默认情况下，MongoDB 更侧重大数据和高频率的写入性能，而非事务安全，MongoDB 很适合业务系统中有大量“低价值”数据的场景。但是应当避免在高事务安全性的系统中使用 MongoDB，除非能从架构设计上保证事务安全。

（2）高可用性。MongoDB 的主副集（Master-Slave）配置非常简捷、方便，此外，MongoDB 可以快速地处理单节点故障，自动、安全地完成故障转移。这些特性使 MongoDB 能在一个相对不稳定的环境中保持高可用性。

（3）表结构不明确且数据规模不断变大。在一些传统 RDBMS 中，增加一个字段会锁住整个数据库/表，或者在执行一个重负载的请求时会明显造成其他请求的性能降级，这些情况通常发生在数据表大于 1GB 的时候（当大于 1TB 时更甚）。但因为 MongoDB 是文档数据库，为非结构化的文档增加一个新字段是很快速的操作，并且不会影响到已有数据。另外，当业务数据发生变化时，不需要由 DBA 修改表结构。

4.4.9　图形数据库

图形数据库是一种 NoSQL 数据库，它应用图形理论存储实体之间的关系信息。最常见的例子就是社会网络中人与人之间的关系。

一个图形数据库最主要的组成有两种，即节点集和连接节点的关系。节点集就是如图 4-20 所示的一系列节点的集合，比较接近于关系型数据库中最常使用的表，而关系则是图形数据库所特有的。

如图 4-21 所示，在关系型数据库中，在需要表示多对多关系时，我们常常需要创建一个关联表来记录不同实体的多对多关系，而且这些关联表常常不用来记录信息。如果两个实体之间有多种关系，我们就需要在它们之间创建多个关联表。而在一个图形数据库中，只需要标明两者之间存在着不同的关系。例如，用 DirectedBy 关系指向电影的导演，或用 ActBy 关系来指定参与电影拍摄的各个演员；同时，在 ActBy 关系中，还可以通过关系中的属性来表示其是否是该电影的主演。从上面所展示关系的名称上可以看出，关系是有向的。如果希望在两个节点集间建立双向关系，就需要为每个方向定义一个关系。

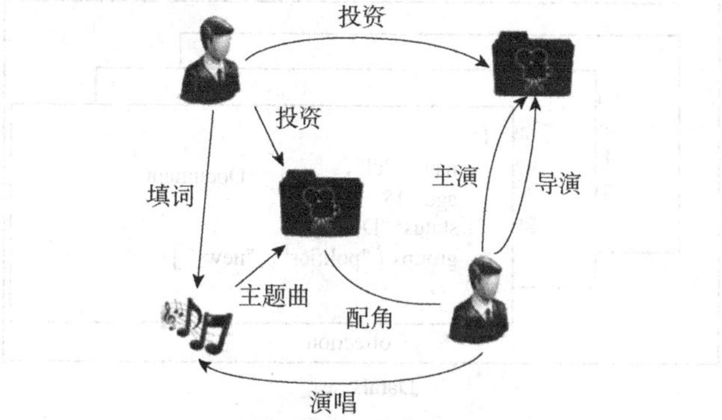

图 4-20　图形数据库

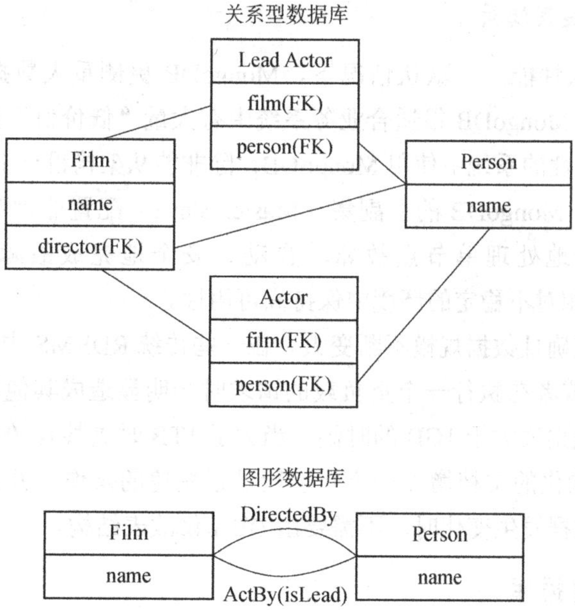

图 4-21　关系型数据库与图形数据库

也就是说，相对于关系型数据库中的各种关联表，图形数据库中的关系可以通过关系能够包含属性这一功能来提供更为丰富的关系展现方式。因此，相较于关系型数据库，图形数据库的用户在对事物进行抽象时将拥有一个额外的“武器”，那就是丰富的关系。

图形数据库典型的产品有 Neo4J、InfoGrid。

4.4.10　云存储

云存储是一个新的概念，是一种新兴的网络存储技术，指通过集群应用、网络技术或分布式文件系统等功能，借助应用软件将网络中大量各种不同类型的存储设备集合起来协同工作，共同对外提供数据存储和业务访问功能的一种服务，如图 4-22 所示。

可以说，云存储是将资源放到云上供人们存取的一种新兴方案。使用者可以在任何时间、任何地方，通过任何可联网的装置连接到云上方便地存取数据。

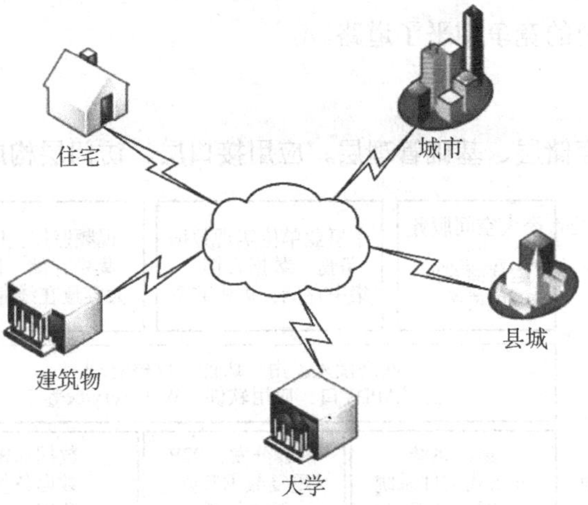

图 4-22　云存储

1. 云存储的特点

（1）存储管理可以实现自动化和智能化，所有的存储资源被整合到一起，客户看到的是单一存储空间。

（2）云存储通过虚拟化技术解决了存储空间的浪费，可以重新自动分配数据，提高了存储空间的利用率，同时具备负载均衡、故障冗余功能。

（3）云存储能够实现规模效应和弹性扩展，降低运营成本，避免资源浪费。

2. 云存储的优点

（1）节约成本。从短期和长期来看，云存储最大的优点就是可以为小企业节约成本。如果小企业想要将数据存储在企业内部的服务器上，就必须购买硬件和软件，同时，企业还要聘请专业的 IT 人员来管理、维护这些硬件和软件，并且还要更新这些硬件设备和软件，成本十分高昂。通过云存储，服务器商可以服务成千上万的中小企业，并可以为不同消费群体服务。它可以为一个初创公司节约部分成本，减少成本预算。

（2）更好地备份数据，并可以异地处理日常数据。硬盘或服务器损坏时，存储在其中的数据可能会丢失，而云存储则不会，如果硬盘坏掉，数据会被自动迁移到别的硬盘，大大提高了数据的安全性。即使用户所在办公场所发生自然灾害，因为数据是异地存储的，所以非常安全。即使自然灾害让用户不能通过网络访问数据，数据也依然存在。

在以往的存储系统管理中，管理人员需要面对不同的存储设备，不同厂商的设备均有不同的管理界面，因此，管理人员要了解每个存储设备的使用状况（容量、负载等），这项工作十分烦琐。对云存储来说，再多的存储服务器，在管理人员眼中也只是一台存储器，每台存储服务器的使用状况都可以通过一个统一的管理界面监控。这样就使维护工作变得简单和容易操作，大大减轻了管理人员的工作负担。

（3）访问更便捷。公司员工不再需要通过本地网络来访问公司资源，这就可以让公司员工甚至是合作商在任何地方访问他们需要的资源。

（4）提高竞争力。中小企业不需要花费巨额的费用来打造最好的存储系统，所以云存储为中小企业和大公司的竞争铺平了道路。

3. 云存储的架构

云存储的架构由存储层、基础管理层、应用接口层、访问层构成，如图 4-23 所示。

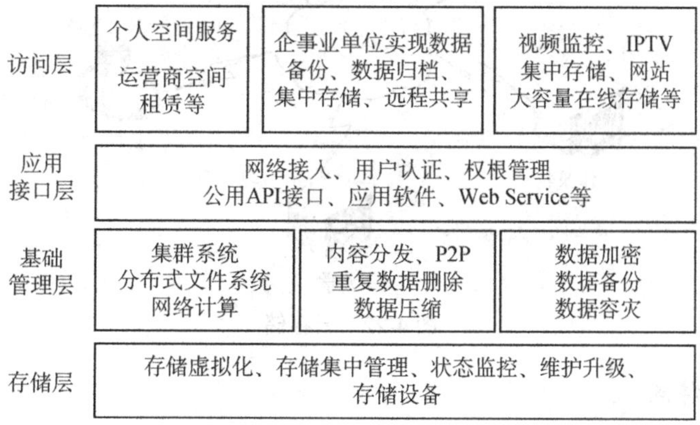

图 4-23　云存储的架构

（1）存储层。存储层是云存储最基础的部分。存储设备可以是 FC 光纤通道存储设备，可以是 NAS 存储设备，也可以是 SAN 或 DAS 等存储设备。云存储中的存储设备往往数量庞大且分布于不同地域，彼此之间通过广域网、互联网或者 FC 光纤通道网络连接在一起。

存储设备之上是一个统一存储设备管理系统，可以实现存储设备的逻辑虚拟化管理、多链路冗余管理，以及硬件设备的状态监控、故障维护。

（2）基础管理层。基础管理层是云存储最核心的部分，也是云存储中最难以实现的部分。基础管理层通过集群系统、分布式文件系统和网格计算等技术，实现云存储中多个存储设备之间的协同工作，使多个存储设备可以对外提供同一种服务，并提供更大、更强、更好的数据访问性能。

CDN 内容分发系统、数据加密技术保证云存储中的数据不会被未授权的用户所访问。同时，通过各种数据加密、数据备份、数据容灾的技术和措施，确保云存储中的数据不会丢失，保证云存储自身的安全和稳定。

（3）应用接口层。应用接口层是云存储最灵活多变的部分。不同的云存储运营单位可以根据实际业务类型，开发不同的应用服务接口，提供不同的应用服务。云存储运营单位不同，云存储提供的访问类型和访问手段也不同。

（4）访问层。任何一个授权用户都可以通过标准的公用应用接口来登录云存储系统，享受云存储服务，如视频监控应用平台、IPTV 和视频点播应用平台、网络硬盘应用平台、远程数据备份应用平台等。

第 5 章　大数据处理技术

大数据开启了信息化的第三次浪潮。PC 的广泛应用带来信息化的第一次浪潮，信息化的第二次浪潮是以互联网应用为主要特征的网络化阶段。现在我们正在进入新的阶段，即以数据的深度挖掘和融合应用为主要特征的智慧化。随着大数据技术的广泛深入，大数据应用已经形成了庞大的生态系统，很难用一种架构或处理技术覆盖所有场景。随着人们对数据特点的认识，需求变化，以及新数据类型的不断出现，新的处理架构和处理技术也随之不断涌现。本章将介绍大数据处理框架的分类、批处理框架、流式处理框架和交互式处理框架，对 Hadoop 和 Spark 两种常用的框架进行详细的介绍。

5.1　大数据处理框架分类

大数据技术是收集、整理和处理大容量数据集，并从中获得见解所需的一整套技术。大数据的处理框架负责对系统中的数据进行计算，例如，处理文件系统中存储的数据，或处理刚刚从系统中获取的流式数据。

处理框架在某种意义上可称为处理引擎，如 MapReduce 是 Hadoop 的默认处理引擎，Spark 也可以作为 Hadoop 的处理引擎，这些都是实际负责处理数据操作的组件。

我们将大数据处理按处理时间的跨度要求分为以下几类，如图 5-1 所示：基于实时数据流的处理，通常的时间跨度在数百毫秒到数秒之间；基于历史数据的交互式查询，通常时间跨度在数十秒到数分钟之间；复杂的批量数据处理，通常的时间跨度在几分钟到数小时之间。处理框架按照所处理的数据状态分为批处理框架、流式处理框架及交互式处理框架。

5.1.1　批处理框架

批处理是一种用来计算大规模数据集的方法，它在大数据世界有着悠久的历史，最早的 Hadoop 就是其中一种，而后起之秀 Spark 也是从批处理开始做起的。批处理主要操作大容量静态数据集，并在计算过程完成后返回结果。批处理模式中使用的数据集通常符合下列特征：

（1）有界。批处理的数据集是数据的有限集合。

（2）持久。数据通常存储在某种类型的持久存储系统中，如 HDFS 或数据库。

（3）大量。批处理操作通常处理极为海量的数据集。

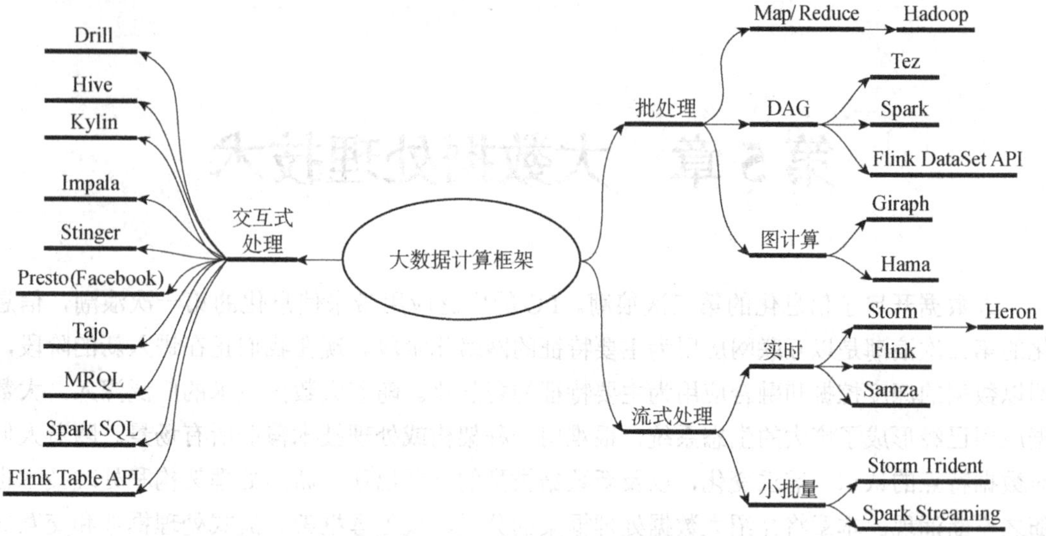

图 5-1　数据计算机框架

批处理适合需要访问全体记录才能完成的计算工作。例如，在计算总数和平均数时，必须将数据集作为一个整体加以处理，而不能将其视作多条记录的集合。这些操作要求在计算过程中，数据维持自己的状态。

需要处理大量数据的任务通常最适合用批处理操作进行处理。无论是直接从持久存储设备处理数据集，还是先将数据集载入内存，批处理系统在设计过程中都充分考虑了数据的量，可提供充足的处理资源。由于批处理在应对大量持久数据方面的表现极为出色，因此经常被用于对历史数据进行分析。

大量数据的处理需要付出大量时间，因此批处理不适合对处理时间要求较高的场合。Hadoop 是批处理的典型处理引擎，5.2 节将对 Hadoop 进行详细介绍。

5.1.2　流式处理框架

在大数据时代，数据通常都是持续不断、动态产生的。在很多场合，数据需要在非常短的时间内得到处理，并且还要考虑容错、拥塞控制等问题，避免数据遗漏或重复计算。流式处理框架则是针对这一类问题的解决方案。流式处理框架一般采用有向无环图（Directed Acyclic Graph，DAG）模型。图中的节点分为两类：一类是数据的输入节点，负责与外界交互而向系统提供数据；另一类是数据的计算节点，负责完成某种处理功能，如过滤、累加、合并等。从外部系统不断传入的实时数据则流经这些节点，把它们串接起来。

基于流式处理框架的系统会对随时进入系统的数据进行计算。相比批处理，这是一种截然不同的处理方式。流式处理无须针对整个数据集执行操作，而会对通过系统传输的每个数据项执行操作。流式处理的数据集是“无边界”的，这就产生了如下三个重要的影响。

（1）完整数据集只能代表截至目前已经进入系统中的数据总量。

（2）工作数据集会更加相关，在特定时间只能代表某个单一数据项。

（3）处理工作是基于事件的，除非明确停止，否则没有“尽头”。处理结果立即可用，并会随着新数据的抵达继续更新。

此类处理非常适合某些类型的工作负载，有近实时处理需求的任务很适合使用流式处理，如分析服务器或应用程序错误日志，以及其他基于时间的衡量指标的应用场景，因为这些应用场景要求对数据变化做出实时的响应，对业务职能来说是极为关键的。流式处理很适合用来处理必须对变动或峰值做出响应，并且关注一段时间内变化趋势的数据。

Apache Storm 是一种侧重于极低延迟的流式处理框架，也是要求近实时处理的工作负载的最佳选择。该框架可处理非常大量的数据，提供结果比其他解决方案具有更低的延迟。同时，Spark Streaming 也提供这种流式的处理模式。5.3 节将对 Spark 做详细介绍。

5.1.3　交互式处理框架

在解决了大数据的可靠存储和高效计算后，如何为数据分析人员提供便利应用的问题日益受到关注，而最便利的分析方式莫过于交互式查询。一些批处理和流计算平台如 Hadoop 和 Spark 也分别内置了交互式处理框架。由于 SQL 已被业界广泛接受，目前的交互式处理框架都支持用类似 SQL 的语言进行查询。早期的交互式分析平台建立在 Hadoop 的基础上，被称作 SQL-on-Hadoop。后来的分析平台改用 Spark、Storm 等引擎，不过 SQL-on-Hadoop 的称呼还是沿用了下来。SQL-on-Hadoop 也指为分布式数据存储提供 SQL 查询功能。

Apache Hive 是最早出现的、架构在 Hadoop 基础之上的大规模数据仓库，由 Facebook 公司设计并开源。Hive 的基本思想是：通过定义模式信息，把 HDFS 中的文件组织成类似传统数据库的存储系统。Hive 保持着 Hadoop 所提供的可扩展性和灵活性。Hive 支持熟悉的关系型数据库概念，如表、列和分区，包含对非结构化数据一定程度的 SQL 支持。它支持所有主要的原语类型（如整数、浮点数、字符串）和复杂类型（如字典、列表、结构）。它还支持使用类似 SQL 的声明性语言 Hive Query Language（HiveQL）表达的查询，任何熟悉 SQL 的人都很容易理解它。

5.2　Hadoop

Hadoop 是一个由 Apache 基金会所开发的分布式系统基础架构，实现了一个分布式文件系统（Hadoop Distributed File System）。Hadoop 框架最核心的设计就是 HDFS 和 MapReduce。HDFS 为海量的数据提供了存储，而 MapReduce 则为海量的数据提供了计算。HDFS 是对谷歌文件系统（Google File System，GFS）的开源实现，是面向普通硬件环境的分布式文件系统。HDFS 有高容错性，支持大规模数据的分布式存储，设计用来部署在低廉的（low-cost）硬件上；它提供高吞吐量（High Throughput）来访问应用程序的数据，也可以以流的形式访问（Streaming Access）文件系统中的数据。MapReduce 是针对谷歌 MapReduce 的开源实现，允许用户在不了解分布式系统底层细节的情况下开发并行应用程序，采用 MapReduce 来整合分布式文件系统上的数据，可保证分析和处理数据的高效性。

Hadoop 被公认为行业大数据标准开源软件，在分布式环境下提供了海量数据的处理能力。它有如下特点。

（1）高可靠性和高容错性。冗余存储，如果发生副本故障，其他副本可以保证正常。

（2）高效性。采用并行分布式存储和分布处理技术，高效处理。

（3）高扩展性。高效稳定地运行在廉价的计算机集群上，可以扩展到数据以千计的计算机节点。

（4）成本低。采用廉价的计算机集群，普通用户可以用自己的 PC 搭建 Hadoop 运行环境。

（5）运行在 Linux 平台。Hadoop 是基于 Java 语言开发的，可以较好运行于 Linux 平台。

（6）支持多种编程语言。Hadoop 上的应用程序可以使用其他语言编写，如 C++。

5.2.1 Hadoop 项目结构及技术分布

Hadoop 项目结构如图 5-2 所示。

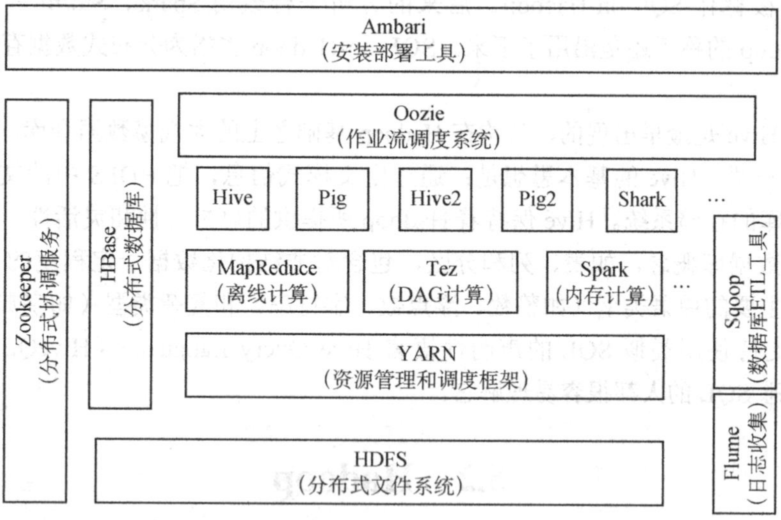

图 5-2　Hadoop 项目结构

（1）HDFS。分布式文件系统，负责整个分布式文件的存储，在大型服务器集群上，保证在部分硬件发生故障时文件系统的可靠性和可用性。

（2）YARN。负责调度内存、CPU、带宽等计算资源。

（3）MapReduce。做离线计算和批处理，不做实时计算。

（4）Tez。对 MapReduce 的作业进行分析优化，并构成一个有向无环图，保证获取到最好的处理效率，让哪些先做，哪些后做，哪些不要重复去做（理清处理顺序，避免工作重复）。

（5）Spark。它的逻辑和 MapReduce 一样，它们的区别是 Spark 基于内存计算，而 MapReduce 基于硬盘计算，所以 Spark 的性能要比 MapReduce 高很多。

（6）Hive。实现数据仓库的功能。Hive 架构在 MapReduce 之上，其实是把 SQL 语句转换成一堆的 MapReduce 作业。

（7）Pig。一种数据流语言和运行环境，适合于使用 Hadoop 和 MapReduce 平台来查询大型半结构化数据集。Hive 负责完成批量数据处理，Pig 则属于轻量级的分析，它提供类似 SQL 的查询语言 Pig Latin，简化在 Hive 上代码的复杂度。Pig 也比 MapReduce 要简单、简洁。

（8）Oozie。作业流调度系统、工作流管理工具，比如在处理一个工作时，可能需要分成多个任务环节，需要很多个应用程序去执行，那么就需要一个工作流系统去完成调度。Oozie 就是处理这类工作的。

（9）Zookeeper。分布式锁之类的基本服务（如统一命名、状态同步服务、集群管理、分布式应用配置项的管理等），用于构建分布式应用，减轻分布式应用程序所承担的协调任务。Zookeeper 使用 Java 编写，它使用了一个和文件树结构相似的数据模型，可以使用 Java 或者 C 来进行编程接入。

（10）HBase。分布式数据库，具有强大的非结构化数据存储能力。HDFS 是做顺序读写的，但实际中需要随机读写时则靠 HBase（基于列的存储数据库），它可以支持几十亿行、上百万列存储的超大型数据库，实现随机读写，实时应用。

（11）Flume。做日志收集，在很多流式数据分析的时候会产生实时流数据，Flume 则负责收集起来。

（12）Sqoop。完成数据的导入/导出。可以将 MySQL、Oracle、PostgreSQL 等关系数据库中的数据导入 Hadoop（HDFS、HBase 或 Hive），反之也可以导出。Sqoop 主要通过 JDBC（Java DataBase Connectivity）和关系数据库进行交互。支持 JDBC 的关系数据库都可以使用 Sqoop 和 Hadoop 进行数据交互。

（13）Ambari。安装部署工具，它可以在一个集群上智能化地部署和管理 Hadoop 平台上的各个部件。

5.2.2　MapReduce 模型

大数据包括静态数据和动态数据（流数据），静态数据适合采用批处理方式，动态数据需要进行实时计算。分布式并行编程框架 MapReduce 可以大幅度提高程序性能，实现高效的批量数据处理。

MapReduce 是一个最先由 Google 公司开发的分布式计算框架，它可以支持大数据的分布处理。MapReduce 是 Hadoop 的核心模块，承担了 Hadoop 的数据计算功能。它是一种并行编程模型，用于大规模数据集（大于 1TB）的并行运算，它将复杂的、运行于大规模集群上的并行计算过程高度抽象到了两个函数：Map 和 Reduce。

在 MapReduce 中，一个存储在分布式文件系统中的大规模数据集会被切分成许多独立的小数据块，这些小数据块可以被多个 Map 任务并行处理。

1. Map和Reduce函数

MapReduce模型的核心是Map函数和Reduce函数。MapReduce编程只要关注如何实现Map函数和Reduce函数，不需要处理并行编程中的其他各种复杂问题，如分布式存储、工作调度、负载均衡、容错处理、网络通信等。这些问题都会由MapReduce框架负责处理。

MapReduce处理数据的两个核心阶段是Map（映射）和Reduce（化简）。简单地说，Map负责将数据打散，Reduce负责对数据进行聚集。

2. MapReduce架构和工作流程

MapReduce架构是MapReduce整体结构与组件的抽象描述，MapReduce采用了Master/Slave（主/从）架构，其架构如图5-3所示。

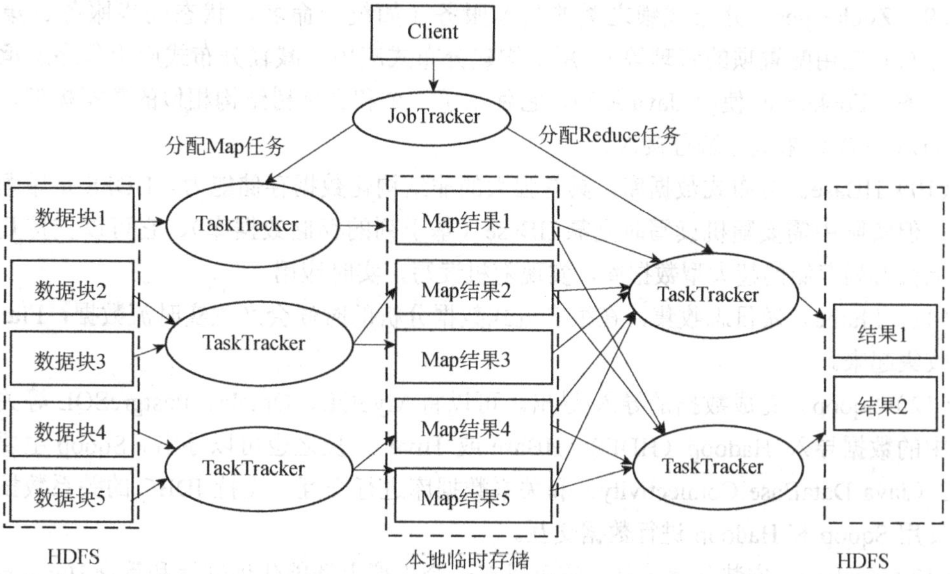

图5-3　Map和Reduce的体系结构

图5-3中，JobTracker称为Master，TaskTracker称为Slave，用户提交的需要计算的作业称为Job（作业），每一个Job会被划分成若干个Tasks（任务）。JobTracker负责Job和Tasks的调度，而TaskTracker负责执行Tasks。

MapReduce架构由4个独立节点（Node）组成，分别为Client、JobTracker、TaskTracker和HDFS。

（1）Client。用来提交MapReduce作业。

（2）JobTracker。用来初始化作业、分配作业、与TaskTracker通信并协调整个作业。

（3）TaskTracker。将分配过来的数据片段执行MapReduce任务，并保持与JobTracker通信。

（4）HDFS。用来在其他节点间共享作业文件。

MapReduce的工作流程如下。

（1）MapReduce 在客户端启动一个作业。

（2）Client 向 JobTracker 请求一个 JobID。

（3）Client 将需要执行的作业资源复制到 HDFS 上。

（4）Client 将作业提交给 JobTracker。

（5）JobTracker 在本地初始化作业。

（6）JobTracker 从 HDFS 作业资源中获取作业输入的分割信息，根据这些信息将作业分割成多个任务。

（7）JobTracker 把多个任务分配给在 JobTracker 心跳（即心跳信号）通信中请求任务的 TaskTracker。

（8）TaskTracker 接收到新的任务之后会首先从 HDFS 上获取作业资源，包括作业配置信息和本作业分片的输入。

（9）TaskTracker 在本地登录子 JVM（Java Virtual Machine）。

（10）TaskTracker 启动一个 JVM 并执行任务，并将结果写回 HDFS。

5.3 Spark

Spark 是 UC Berkeley AMP Lab（加州大学伯克利分校的 AMP 实验室）所开源的类 Hadoop MapReduce 的通用并行框架。Spark 拥有 Hadoop MapReduce 所具有的优点，但不同于 MapReduce 的是——Job 中间输出结果可以保存在内存中，从而不再需要读写 HDFS，因此，Spark 能更好地适用于数据挖掘与机器学习等需要迭代的 MapReduce 的算法。

Apache Spark 是专为大规模数据处理而设计的快速通用的计算引擎。Spark 是一种与 Hadoop 相似的开源集群计算环境，Spark 启用了内存分布数据集，除了能够提供交互式查询外，它还可以优化迭代工作负载。因此，Spark 在某些工作负载方面表现得更加优越。

Spark 是在 Scala 语言中实现的，它将 Scala 用作其应用程序框架。与 Hadoop 不同，Spark 和 Scala 能够紧密集成，其中的 Scala 可以像操作本地集合对象一样轻松地操作分布式数据集。

尽管创建 Spark 是为了支持分布式数据集上的迭代作业，但是实际上它是对 Hadoop 的补充，可以在 Hadoop 文件系统中并行运行。通过名为 Mesos 的第三方集群框架可以支持此行为。Spark 可用来构建大型的、低延迟的数据分析应用程序。

Spark 与 Hadoop 相比，有如下特点。

（1）计算速度快。Hadoop 采用的是硬盘计算，Spark 采用的是内存计算模式，并采用“让计算靠近数据”的方式减少硬盘读写 I/O 及网络传输带宽，实现了快速计算。通常，Spark 性能可以达到 Hadoop 的 10 倍以上。

（2）通用性。Spark 支持流计算、交互式处理、图计算等多种计算模式。Hadoop 主要用于批处理。

（3）易用性。Spark 可以与 Hadoop 衔接，只关注计算层的问题，资源管理交由

Mesos、YARN 处理，可以访问存储在 HDFS、HBase、Cassandra、Amazon S3、本地文件系统上的数据，Spark 支持文本文件、序列文件，以及任何 Hadoop 的 InputFormat。

（3）提供丰富的操作。Hadoop 只提供了 map()和 reduce()两种操作。而 Spark 提供了 map()、filter()、union()、join()、groupByKey()、cartesian()、collect()及 count()等 20 余种操作类型。

（4）提供 4 种应用库。处理结构化数据而设计的 Spark SQL 模块；用于创建可扩展和容错性的流式应用的 Spark Streaming；可扩展机器学习库的 MLib；Spark 的并行图计算库 GraphX。

（5）支持多种编程语言。Spark 提供 Java、Python 和 Scala 的 Shell，方便编程工作。

5.3.1 技术架构

Spark 的技术架构如图 5-4 所示，可以分为三层：资源管理层、Spark 核心层和服务层。

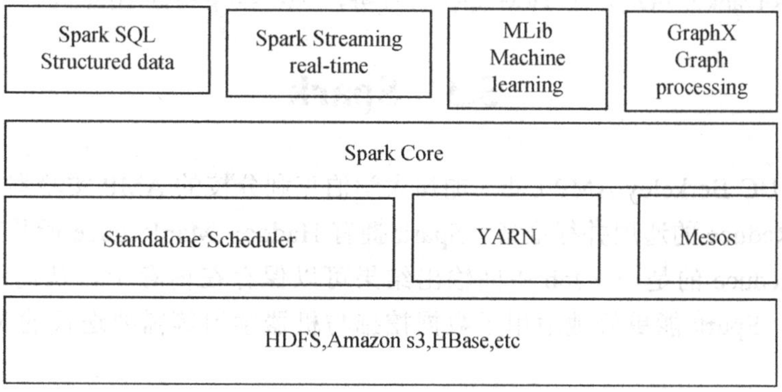

图 5-4 Spark 的技术架构

（1）资源管理层。提供资源管理功能，涉及 YARN、Mesos 和 Standalone 等集群资源管理器。资源层主要涉及两种角色——Cluster Manager（集群管理器）和 Worker Node（工作节点）。Spark 用户的应用程序在一个 Worker Node 上只会有一个 Executor（执行器），Executor（执行器）内部通过多线程的方式并发处理应用的任务。

（2）Spark 核心层。提供内存计算框架。

（3）服务层。面向特定类型的计算服务，如 SQL 查询（Spark SQL）、实时处理（Spark Streaming）、机器学习（MLib）及图计算（GraphX）。

5.3.2 基本流程

如图 5-5 所示给出了 Spark 的基本流程，主要涉及驱动程序（Driver Program）、Spark Context、集群管理器、工作节点、执行器和缓存等角色，主要活动及顺序如下。

（1）采用 Spark Context 创建一个 Driver Program（驱动程序）。本质是运行 main()函数并创建 SparkContext 的程序。

（2）用户向 Driver Program（驱动程序）提交自己的 Job。

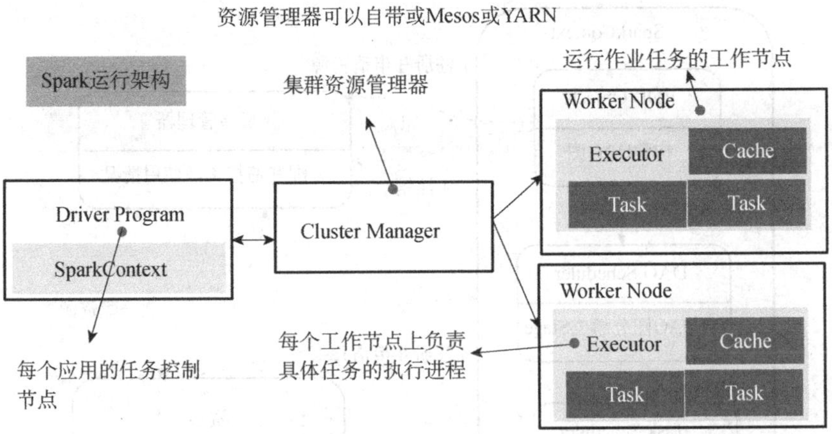

图 5-5 Spark 执行流程

（3）Driver Program（驱动程序）采用基于 DAG 的执行引擎，根据 DAG 中 RDD 之间的依赖关系（Lineage）将用户提交的 Job（作业）转换为 Stages（阶段），并进一步划分为更小粒度的 Task（任务）。

（4）Driver Program（驱动程序）向 Cluster Manager（集群管理器）申请运行 Task 需要的资源。

（5）Cluster Manager（集群管理器）为 Tasks 分配满足要求的 Worker Nodes（工作节点），并在 Worker Node（工作节点）上创建 Executor（执行器）。

（6）已创建的 Executor 向 Driver Program（驱动程序）注册自己的信息。

（7）Driver Program（驱动程序）将 Spark 应用程序的代码和文件传送给对应的 Executors（执行器）。

（8）Executor（执行器）运行 Task，运行完之后将结果返回给 Driver Program（驱动程序）或者写入 HDFS 或其他介质。

5.3.3 Spark 程序运行流程

Spark 程序的运行流程如图 5-6 所示。一个 Application 就是一个用户编写的 Spark 应用程序。Spark 中的 Driver 即运行用户编写的 Spark 应用程序 main()函数并创建 SparkContext，准备 Spark 应用程序的运行环境。在 Spark 中有 SparkContext 负责与 Cluster Manager 通信，进行资源申请、任务的分配和监控等，当 Executor 部分运行完毕后，Driver 同时负责将 SparkContext 关闭。

（1）Executor。运行在工作节点（Worker Node）的一个进程，负责运行 Task。

（2）RDD。弹性分布式数据集，是分布式内存的一个抽象概念，提供了一种高度受限的共享内存模型。它是一个容错的、并行的数据结构。

（3）DAG。有向无环图，反映 RDD 之间的依赖关系。

（4）Task。运行在 Executor 上的工作单元。

（5）Job。一个 Job 包含多个 RDD 及作用于相应 RDD 上的各种操作。

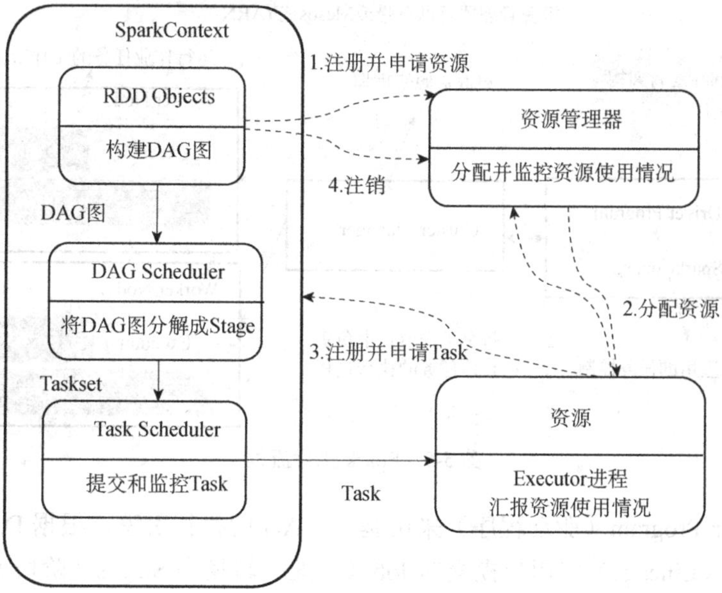

图 5-6　Spark 运行基本流程

（6）Stage。是 Job 的基本调度单位，一个 Job 会分为多组 Task，每组 Task 被称为 Stage，或者也被称为 TaskSet，代表一组关联的、相互之间没有 Shuffle 依赖关系的任务组成的任务集。

一个 Application 由一个 Driver 和若干个 Job 构成，一个 Job 由多个 Stage 构成，一个 Stage 由多个没有 Shuffle 关系的 Task 组成。

当执行一个 Application 时，Driver 会向集群管理器申请资源，启动 Executor，并向 Executor 发送应用程序代码和文件，然后在 Executor 上执行 Task，运行结束后，执行结果会返回给 Driver，或者写到 HDFS 或其他数据库中。

与 Hadoop MapReduce 计算框架相比，Spark 所采用的 Executor 有两个优点：

（1）利用多线程来执行具体的任务，减少任务的启动开销。

（2）Executor 中有一个 Block Manager 存储模块，会将内存和磁盘共同作为存储设备，有效减少 I/O 开销。

为应用构建起基本的运行环境，即由 Driver 创建一个 SparkContext 进行资源的申请、任务的分配和监控。

资源管理器为 Executor 分配资源，并启动 Executor 进程。

SparkContext 根据 RDD 的依赖关系构建 DAG 图，DAG 图提交给 DAG Scheduler 解析成 Stage，然后把一个个 TaskSet 提交给底层调度器 Task Scheduler 处理。

Executor 向 SparkContext 申请 Task，TaskScheduler 将 Task 发放给 Executor 运行并提供应用程序代码。

Task 在 Executor 上运行把执行结果反馈给 Task Scheduler，然后反馈给 DAG Scheduler，运行完毕后写入数据并释放所有资源。

第 6 章　大数据分析技术

数据分析是整个大数据处理流程中最核心的部分。大数据分析可以发现隐藏的数据相关性、市场趋势、客户偏好、数据模式等其他有用的商业信息。其分析结果可以为企业运营、市场营销、生产控制、客户服务等带来更大的商业利益，提升竞争优势。本章主要讲述数据分析算法和可视化方法，重点介绍深度学习算法在数据分析中的应用。

6.1　大数据分析的概念

大数据分析是人们采用适当的方法（包括统计分析和数据挖掘等方法），对收集来的大量数据进行详细研究和概括总结，从而发现和利用其中蕴含的信息和规律，从中提取有用信息和形成结论，并加以详细研究和概括总结的过程。

广义的数据分析包括狭义的数据分析和数据挖掘。狭义的数据分析是指根据分析目的，采用对比分析、分组分析、交叉分析和回归分析等分析方法，对收集来的数据进行处理与分析，提取有价值的信息，发挥数据的作用，得到一个特征统计量结果的过程。数据挖掘则是从大量的、不完全的、有噪声的、模糊的、随机的实际应用数据中，通过应用聚类、分类、回归和关联规则等技术，挖掘潜在价值的过程。数据分析是从数据、信息到有价值的知识的过程。数据分析需要数学理论、行业经验以及计算机工具三者结合。数学与统计学知识是数据分析的基础，数学理论帮助我们深入了解分析模型的原理和使用限制，行业经验有助于理解数据和分析需求，检验分析方法，指导分析应用。大数据分析的主要目标包括：

- 推测或解释数据。
- 给决策提供合理建议。
- 预测未来将要发生的事情。
- 检测数据是否合法。
- 诊断或推断错误原因。

6.2　大数据的处理流程

从海量的数据中找出隐藏的又极为有用的知识或信息，其实就是对数据进行挖掘分析的过程。数据分析是一种多个学科技术的融合，实现数据采集、管理和分析，从而发现知识和规律，让数据“说话”。掌握大数据分析的基本方法和分析流程，可以探索出大数据中蕴含的规律与关系，解决实际业务问题。

大数据分析的流程，如图 6-1 所示。

图 6-1　大数据分析的流程

（1）提出问题。数据分析的本质是服务于业务需求，基于对业务背景的理解，提出数据分析需求，找出问题，并转换成数据分析项目，此步骤很关键。

（2）数据采集。数据采集的核心问题是数据理解和数据准备。理解分析需求后需要搜索、采集各种与业务需求有关的数据，从中抽取符合需求的数据，并对数据进行过滤和整理。通过数据收集与数据清洗，为数据分析做好准备。原始数据中可能存在缺失和坏数据，需要熟悉数据的含义和特性，过滤和整理出适合分析的数据。数据准备还需要探索数据和数据转换。有时，为了达到数据分析模型的输入数据要求，需要对数据进行转换，包括生成衍生变量、一致化和标准化处理等。

（3）数据分析。对所采集的数据进行分析挖掘，根据分析目的选择方法、工具，设计、建立数据分析模型，并应用一个或多个模型对所采集的数据进行分析挖掘，最终提供精准可靠的分析结果，提供可能的问题解决方案。

（4）数据可视化。根据数据分析结果，将数据结果以图形的方式表示出来，帮助理解和分析数据的内涵与特征。数据可视化在数据采集阶段的数据探索中也经常用到。

（5）效果评估。对建模过程评估，对模型的精度和准确性、效率和通用性进行评估；对模型结果进行评估，评估是否有遗漏的业务，模型结果是否解答了最初的业务问题，并结合业务专家的意见进行评估。在实际的工程项目中，模型需要反复调整、对比、评估，并最终部署到业务实践中。

对上述流程进行放大，可得到如图 6-2 的大数据处理的基本流程。即经数据源获取的数据，因为其数据结构不同（包括结构化、半结构化和非结构化数据），用特殊方法进行数据处理和集成，将其转变为统一标准的合适的数据格式；用合适的数据分析方法结合云计算技术将这些数据进行处理分析，并将分析的结果利用可视化等技术展现给用户。

6.3　大数据分析的方法

随着互联网、云计算、物联网等的迅速发展，随处可见的无线传感器、移动设备等生产了数以亿计的数据。海量复杂的大数据带来了很多新的技术性难题。面向数据视角的大数据分析方法主要以大数据分析处理的对象“数据”为依据，从数据本身的类型、数据量、数据处理方式以及数据能够解决的具体问题等方面对大数据分析方法进行分类。按照美国国家研究委员会在 2013 年公布的《海量数据分析前沿》研究报告中提出了以下 7 种基本的数据统计分析方法。

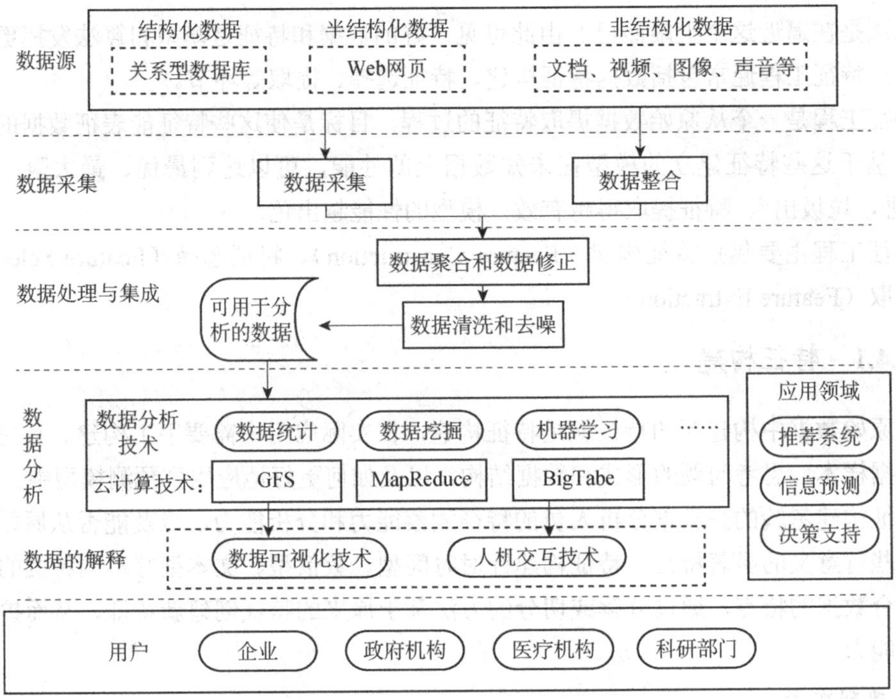

图 6-2　大数据处理的基本流程

- 基本统计（如一般统计及多维数分析等）。
- N 体问题（N-body Problems）（如最邻近算法、Kernel 算法、PCA 算法等）。
- 图论算法（Graph-Theoretic Algorithm）。
- 数据匹配（如隐马尔可夫模型等）。
- 线性代数计算（Linear Algebraic Computations）。
- 优化算法（Optimizations）。
- 功能整合（如贝叶斯推理模型、Markov Chain 和 Monte Carlo 方法等）。

传统的数据分析使用适当的统计和机器学习方法来分析大数据，以集中抽取隐藏在一批混沌数据集中的有用数据，并确定数据的内在规律，从而帮助人们理解、判断、决策和行动。大数据分析可以被认为是一种特殊数据的技术，传统的数据分析方法仍然可以用于大数据分析，大规模的并行计算、分布式文件系统和并行数据库等新技术也应用于大数据分析中，大数据分析的出现是对传统数据分析的继承和发展。事物的本质和规律性隐藏在各种原始数据的相互关联之中，大数据要分析的是与某事物相关的所有数据，强调各种来源的原始数据的融合，对其进行分析，并找到事物之间的相关关系。

6.4　数据特征工程

特征工程，是指用一系列工程化的方式从原始数据中筛选出更好的数据特征，以提升模型的训练效果。业内有一句广为流传的话是：数据和特征决定了机器学习的上限，而模型和算法是在逼近这个上限而已。由此可见，好的数据和特征是模型和算法发挥更大作用的前提。特征工程通常包括数据特征构建、特征选择、提取等环节。

特征工程是一个从原始数据提取特征的过程，目标是使这些特征能表征数据的本质特点，使基于这些特征建立的模型在未知数据上的性能，可以达到最优、最大限度地减少“垃圾进，垃圾出”。特征提取得越有效，模型的性能越出色。

特征工程主要包括特征构建（Feature Construction）、特征选择（Feature Selection）、特征提取（Feature Extraction）。

6.4.1 特征构建

从原始数据中构建新的特征就是特征构建，在实际应用中需要手工构建。首先研究真实的数据样本，思考问题的形式和数据结构，以及如何更好地应用到预测模型中。

特征构建考验的是数据分析人员的特征洞察能力和分析能力，以及能否从原始数据中找出一些有意义的显著特征。特征构建针对时间型、数值型、文本型等不同种类的输入数据，结合数据的特点，通过分解或切分的方法基于原来的特征创建新特征，从而提高数据的预测能力。

1. 单列变量

单列变量指对单个变量进行转换、衍生，单列变量按照类型可以分为字符型、数值型、时间（日期）型，按照变量的样本内容格式可以分为离散型和连续型，其中字符型一般是离散的，而数值型和日期型变量则是连续的。

（1）针对离散型变量的细分问题，不同类型的变量在进行特征构建时的常规方法如下。

①类别型。如产品型号、所在地区等，当类别较少时可以变换为哑变量（Dummy Variable），当种类较多时可以对变量的值进行归类，向上钻取，如将省份划分为区域，然后再进行哑变量转换。

②顺序型。如用户等级，离散型变量可以将其转化为连续变量，如将用户等级中的初级、中级、高级转化为 0、1、2，这样就可以构建成连续变量。

③等距型/等比型。如温度，有一定的顺序且间隔相等，也可以将其转化为连续变量。

（2）针对连续型变量，可以将其转化为离散型变量，也可以转化为另外形式的连续变量，转化方法如下。

①分布转换。常见的有对数（log）或指数（exp）变换、平方根和平方变换、立方根和立方变换等。

②量纲统一。常用标准化，如 Z 分数（一个数与平均数的差再除以标准差），转化到[0，1]区间或[−1，1]区间。向离散变量转化时，按得到的值的个数可以分为两类。

③二值化（Binary）。最终得到的值是 0 或者 1。例如，考试成绩阈值 60 分，大于 60 分为“及格”，记为 1；小于 60 分为“不及格”，记为 0。

④分箱（Binning）。分箱操作可以分为等距离分箱、等数量分箱、按分布分箱。

2. 多列变量

多列变量组合成一列变量，包括组合运算和降维，即由多列变量衍生出一列变量，可以分为“显式”运算和“隐式”运算。前者是指变换过程是可解释的，例如，变量 A 表示设备 30 天的工作时间，变量 B 表示设备在 30 天内的报警次数，衍生变量 C 表示平均每周的报警次数。“隐式”运算是指得到的新变量和原来变量的关系难以用一个函数表达出来，如特征降维中常用的主成分分析（PCA）或线性判别分析（LDA）等。

3. 多行变量

多行是将一个样本的多行时间序列数据统计后得到一行数据，即在时间尺度上压缩，时间序列的数据可以提取三类特征。

（1）整体特征。即整体的统计情况。例如，单个设备近一个月的耗电量等。

（2）局部特征。即在整体的时间区间内按其他分类变量或者按不同时间颗粒度计算得到的数据。例如，该用户近一年内购买不同品类的交易金额，或者该用户按季度下单情况。

（3）趋势特征。即衡量事物发展趋势的特征。例如设备本季度和上季度的环比故障情况。

6.4.2　特征选择

特征选择的目的主要是降维，从特征集合中挑选一组最具统计意义的特征子集来代表整体样本的特点。特征选择的方法是用一些评价指标单独地计算出各个特征与目标变量之间的关系。常见的有 Pearson 相关系数、基尼指标（Gini Index）、信息增益（Information Gain）等，下面以 Pearson 相关系数为例，它的计算方式如下：

$$r=\left[\frac{\sum_{i=1}^{n}(x_i-\overline{x})(y_i-\overline{y})}{\sqrt{\sum_{i=1}^{n}(x_i-\overline{x})^2}\cdot\sqrt{\sum_{i=1}^{n}(y_i-\overline{y})^2}}\right]$$

其中，x 属于 X，X 表示一个特征的多个观测值，y 表示这个特征观测值对应的类别列表，$\overline{x}$、$\overline{y}$ 分别是 x、y 的平均值。Pearson 相关系数的取值在 0～1，如果使用这个评价指标来计算所有特征和类别标号的相关性，得到相关性数据后，将它从高到低进行排列，然后选择其中一个子集作为特征子集，接着用这些特征进行训练，并对效果进行验证。

特征选择的过程是通过搜索候选的特征子集，对其进行评价。最简单的办法是穷举所有特征集，找到错误率最低的子集，但是此方法在特征数较多时效率非常低。按照评价标准的不同，特征选择可分为过滤方法（Filter Method）、封装方法（Wrapper Method）和嵌入方法（Embeded Method）。

过滤方法主要基于特征间的相关性作为标准实现特征选择，即特征与目标类别相关性要尽可能大。因为一般来说相关性越大，分类的准确率越高。这一算法的优点是从数据集本身学习，与具体算法无关，所以更高效，也具有较高的稳健性。其中相关性度量方法有距离、信息增益、关联性、一致性等。封装方法通过尝试用不同的特征子集对样本集进行分类，将分类的精度作为衡量特征子集好坏的标准，经过比较选出最好的特征子集。这一方法属于贪心算法，常用的有逐步回归、向前选择和向后选择等。这一算法的复杂度很高，每次验证都要重新训练和验证，当特征数量较多时，算法的计算时间会较长。

嵌入方法是模型在运行过程中自主选择或忽略某些特征，即特征的选择是嵌入在算法中的。其中最典型的是决策树分类算法，例如，在使用决策树进行分类时，应用随机森林实现特征筛选和过滤。

6.4.3 特征提取

特征提取是将原始数据转换为具有统计意义和机器可识别的特征。例如，机器学习无法直接处理自然语言中的文本，这时就需要将文字转换为数值特征（如向量化）。或者在图像处理领域，将像素特征提取为轮廓信息也属于特征提取的应用。特征提取关注的是特征的转换方式，使其尽可能符合机器学习算法的要求。除此之外，还可以通过对现有特征进行加工的方法实现特征的创建，即特征提取可能是原特征的某种混合。

特征提取和特征选择都有可能使特征数量减少。但是特征选择是原特征的子集，而特征提取则不一定。另外，特征提取技术往往与具体领域的相关性比较大，一旦跨领域，很多技术需要重新开发。

6.5 大数据分析的主要技术

为了从大数据中提取关键的信息，我们需要先进的大数据分析技术。无论是对图像、声音还是文本数据，大数据分析的一个核心问题是如何对数据进行有效表达、解释和学习。传统的研究也有很多数据表达的模型和方法，但通常都是较为简单或浅层的模型，模型的能力有限，而且依赖于数据的表达，不能获得很好的学习效果。大数据为我们提供了使用更加复杂的模型来更有效地表征数据、解释数据的机会。大数据是人工智能的基础，而使大数据转变为知识或生产力，离不开机器学习（Machine Learning）。深度学习是机器学习的一个分支，它除了可以学习特征和任务之间的关联以外，还能自动从简单特征中提取更加复杂的特征。

6.5.1 深度学习

1. 深度学习的概念

深度学习（Deep Learning，DL）由 Hinton 等人于 2006 年提出，近年来在语音识别、计算机视觉等多类应用中取得突破性的进展。深度学习通过建立模型模拟人类大脑的神经连接结构，利用层次化的架构学习出对象在不同层次上的表达，帮助解决更加复杂抽象的问题。在层次化中，高层的概念通常是通过低层的概念来定义的，深度学习可以对人类难以理解的底层数据特征进行层层抽象，从而提高数据学习的精度。让计算机模仿人脑的机制来分析数据，建立类似人脑的神经网络进行机器学习，从而实现对数据有效的表达、解释和学习。

深度学习的模型有很多，深度神经网络可以分为以下三类：

- 前馈深度网络，由多个编码器层叠加而来，如（MPL，CNN）。
- 反馈深度网络，由多个解码器层叠加而成，如（DN、HSC）。
- 双向深度网络，通过叠加多个编码器层和解码器层构成，如（DBM，DBN，SAE）。

深度学习本质上是构建含有多隐层的机器学习架构模型，通过大规模数据进行训练，得到大量更具代表性的特征信息，从而对样本进行分类和预测，提高分类和预测的精度。这个过程是通过深度学习模型的手段达到特征学习的目的。

深度学习模型和传统浅层学习模型的区别在于：

（1）深度学习模型结构含有更多的层次，包含隐层节点的层数通常在 5 层以上，有时甚至包含多达 10 层以上的隐藏节点。

（2）明确强调了特征学习对于深度模型的重要性，即通过逐层特征提取，将数据样本在原空间的特征变换到一个新的特征空间来表示初始数据，这使得分类或预测问题更加容易实现。

和人工设计的特征提取方法相比，利用深度模型学习得到的数据特征对大数据的丰富内在信息更有代表性。

2. 深度学习的基本概念及应用

深度学习最著名的是卷积神经网络（Convolutional Neural Network，CNN），由 LeCun 在 20 世纪 90 年代提出。全连接神经网络在图像处理中会无法捕捉图片上下相邻位置信息，也不能进行局部区域模糊处理，为了能捕捉到像素点的位置信息，卷积神经网络引入了所谓的 Local Receptive Fields（局部感受野，生物学概念，一个感觉神经元的感受野是指能够引起该神经元反应的区域），如图 6-3 所示。它指的是输入层到隐藏层的一种特殊处理。它不再是全连接的，而是根据像素点的二级空间位置，将局部输入传给下一层的神经元。

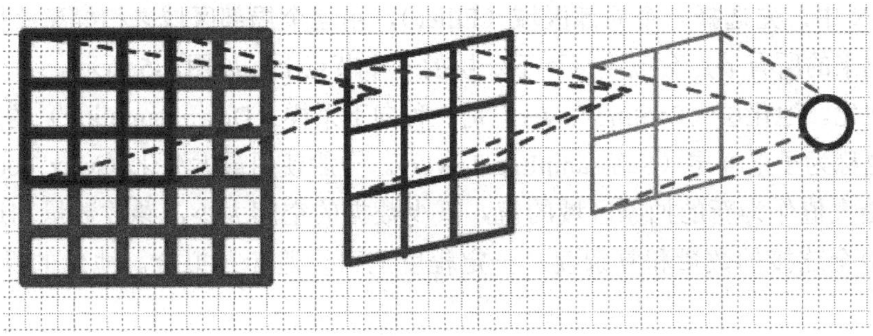

图 6-3　卷积神经网络的感受野

卷积神经网络 CNN 是人工神经网络的一种，是由对猫的视觉皮层的研究发展而来的。它已经成为深度学习领域的热点，特别是图像识别和模式分类方面。其优势是具有共享权值的网络结构和局部感知（也称稀疏连接）的特点，能够降低神经网络的运算复杂度，减少了权重的数量，并可以直接将图像编码作为输入进行特征提取，避免了对图像的预处理和显式的特征提取。

卷积神经网络的低层由卷积层和子采样层交替组成，在保证特征不变的情况下减少维度空间和计算时间，更高层次是全连接层，其输入是由卷积层和子采样层提取到的特征，最后一层是输出层，可以是一个分类器，采用逻辑回归、Softmax 回归、支持向量机等进行模式分类，也可以直接输出某一结果。卷积神经网络的大致过程：Convolutional Layer（卷积）、ReLu Layer（非线性映射）、Pooling Layer（池化）、Fully Connected Layer（全连接）、Output（输出）的组合。例如，如图 6-4 所示的 LeNet-5 网络结构，LeNet-5 共 8 层，1500 多个神经元，6 万多个待估计参数，其性能在支票手写体数字识别上达到 99.5% 的准确率，高于当年所有其他方法。

注意：Feature Map 为特征映射，一个 Feature Map 处理一种图像特征。为了增强模型识别图像的能力，卷积层通常包含多个 Feature Map。

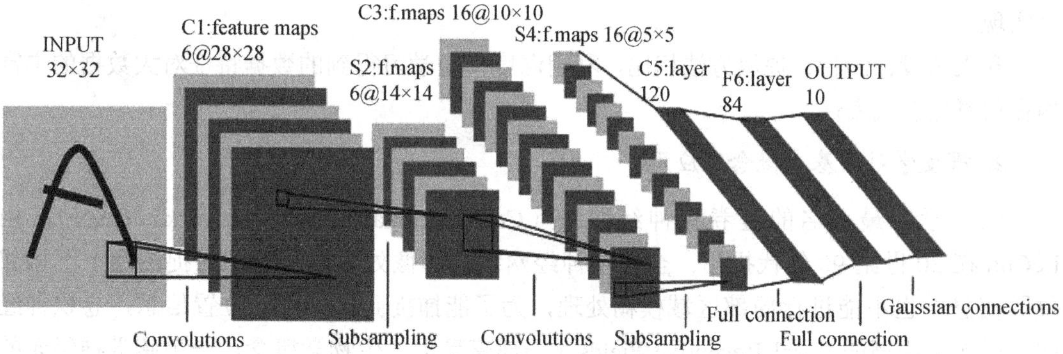

图 6-4　LeNet-5 网络结构

（1）卷积层。通过卷积层（Convolutional Layer）的运算，可以将输入信号在某一特征上加强，从而实现特征的提取，也可以排除干扰因素，从而降低特征的噪声。

在 CNN 中，先选择一个局部区域（Filter），用这个局部区域去扫描整张图片。局部区域所圈起来的所有节点会被连接到下一层的一个节点上，如图 6-5 所示。

（2）池化。池化层（Pooling Layer）是一种向下采样（Down Sampling）的形式，在神经网络中也称为子采样层（Sub-sampling Layer）。一般使用最大池化（Max Pooling）将特征区域中最大值作为新的抽象区域的值，减少数据的空间大小，参数数量和运算量也会减少，减少全连接的数量和复杂度，一定程度上可以避免过拟合。池化的操作如图 6-6 所示。

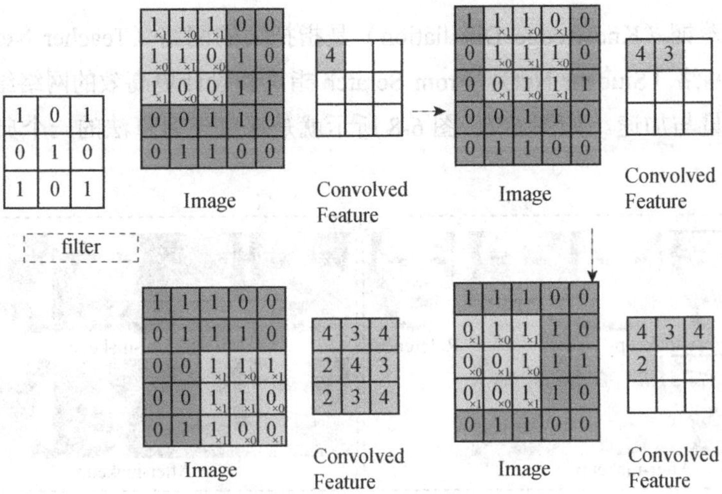

图6-5　卷积层——CNN权值共享

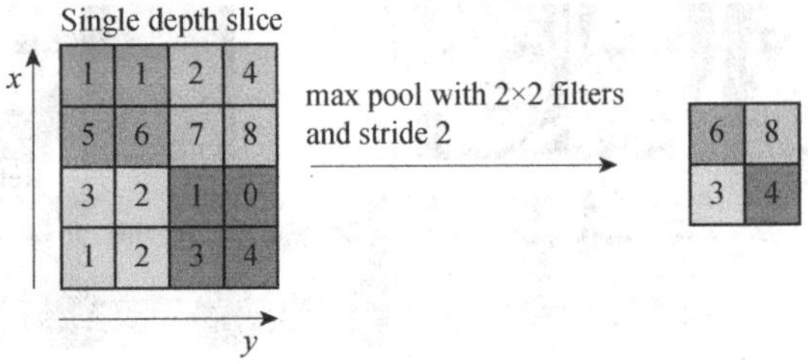

图6-6　池化

池化层位于卷积层的后面，它的输入是 Feature Map 里的神经元。卷积层里有多个 Feature Map，池化层会独立地对每个 Feature Map 做处理。

（3）全连接层。卷积层得到的每张特征图表示输入信号的一种特征，而它的层数越高，表示这一特征越抽象。为了综合低层的各个卷积层特征，用全连接层（Full Connect Layer）将这些特征结合到一起，然后用 Softmax 进行分类或逻辑回归分析。

（4）输出层。输出层（Output Layer）的另一项任务是进行反向传播，依次向后进行梯度传递，计算相应的损失函数，并重新更新权重值。

卷积神经网络广泛应用于人脸识别、目标检测、语音识别等领域，如医疗图像中肿瘤的识别、化妆图像迁移等。

比如，中国科学院信息工程研究所信息安全国家重点实验室刘思提出的卷积模型应用，可以实现给定一个化妆前的脸，就会自动确定她最适合的妆容，推荐最适合女性的妆容并合成她脸上的妆容，不需要物理化妆就可以形成可控制的妆容亮度、从淡妆到浓妆的各种效果。

深度学习算法很难被加载到小型化设备中，因为它计算量大、存储量大。最新的研究在卷积神经网络中有以更少的参数、更少的计算量和更少的存储来考虑模型压缩。在硬件层面主要是加速、低功耗的设计，在算法层面是降低卷积核个数，对卷积核进行分解；用更少的 bit 表示参数，进行量化（Quantization），或者剪枝（Pruning）去掉网络中不重要的参数；知识蒸馏（Knowledge Distillation）是指把大的网络（Teacher Net）学到的“知识”教给小的网络（Student Net）；From Scratch 指重新设计更高效的网络结构，其主要目的是降低存储量与加速。如图 6-7、图 6-8 所示就是深度学习算法的一个典型的化妆应用效果。

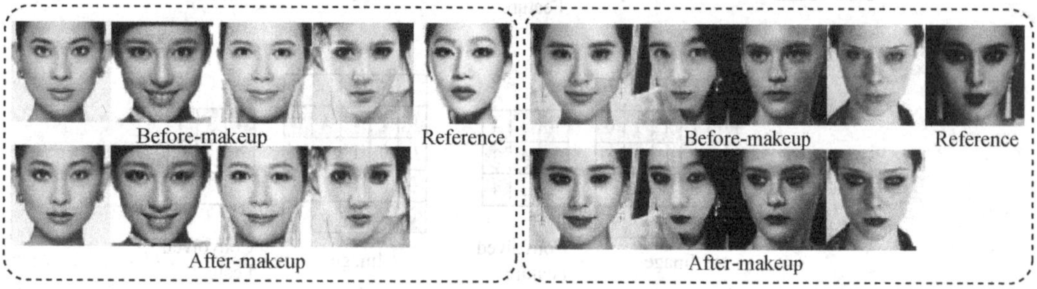

图 6-7　不同的女孩化相同的妆容

图 6-8　同一个女孩化不同的妆容

6.5.2　知识计算

基于大数据的知识计算是大数据分析的基础。知识计算是将各种形态的知识，通过一系列 AI 技术进行抽取、表达并协同大量数据进行计算，进而产生更为精准的模型，再次赋能给机器和人的一种全新方法。

支持知识计算的基础是构建知识库。这包括 3 个部分，即知识库的构建、多源知识的融合与知识库的更新。知识库的构建就是要构建几个基本的构成要素，包括抽取概念、实例、属性和关系。目前，世界各国各个组织建立的知识库多达 50 余种，相关的应用系统更是达到了上百种。其中，代表性的知识库或应用系统有 KnowItAll、TextRunner、NELL、Probase、Satori、PROSPERA、SOFIE，以及一些基于维基百科等在线百科知识构建的知识库，如 Dbpedia、YAGO、Omega 和 WikiTaxonomy。除此之外，一些著名的商业网站、公司和政府也发布了类似的知识搜索和计算平台，如 Evi 公司的 TrueKnowledge 知识搜索平台、美国官方政府网站 Data.gov、Wolfram 的知识计算平台 Wolframalpha、Google 的知识图谱（Knowledge Graph）、Facebook 推出的类似的实体搜索服务 Graph Search 等。在国内，中文知识图谱的构建与知识计算也有大量的研究和开发工作。

面对海量知识库时，建立若干个针对不同领域、不同需求的有效的知识融合算法，快速进行多元知识的融合，是亟待进一步解决的问题之一。

知识计算的应用场景有将各类数据、知识、经验以及资料进行多模态建模，辅助推理与决策；将过去知识分散在不同部门、不同地域、不同领域专业、不同存储介质中碎片化知识，进行整合以实现知识统一集中的计算；突破行业机理模型局限，将过去机理模型在实际运用中会产生大量偏差（由于认知程度、假设因素、计算简化等众多因素）。通过 AI 知识计算，把机理模型与 AI 结合，并结合大量数据，弥补机理模型局限。

在数据分析中，统计和数据直觉影响着分析人员的数据模型的设计和选择。大数据分析的终极目标是预测。从数据中挖掘出有价值的知识和规则，通过科学建模的手段呈现结果，然后可以将新的数据代入模型，从而预测未来的情况。学习，即通过学习、研究、指导或经验等获得知识或产生理解。从数据中学习的典型应用是机器学习。它是一种可以从数据中学习且不依赖基于规则的编程的算法。机器学习可以被看作是一般的归纳过程。这个过程根据数据实例的特征学习数据集的固有结构，并自动建模。机器学习是一个具有重大商业价值的领域。

基础的数据分析方法，特别是机器学习属于多领域交叉学科，融合概率论、逻辑学、组合优化、搜索、统计学、强化学习和控制理论等多门学科方法。数据分析的方法也是以应用为基础的，已不单单是传统的数值分析，已涉及从视觉到语言处理、预测、模式识别、博弈、数据挖掘、专家系统和机器人等领域。典型的数据分析算法包括分类、聚类、回归分析和关联规则等。

（1）分类。分类是找出数据库中的一组数据对象的共同特点并按照分类模式将其划分为不同的类，其目的是通过分类模型，将数据库中的数据项映射到某个给定的类别中，常用的方法有 KNN、朴素贝叶斯、决策树、随机森林、支持向量机（Support Vector Machine，SVM）等。分类方法可以应用到应用分类、趋势预测中，如淘宝商铺将用户在一段时间内的购买情况划分成不同的类，根据情况向用户推荐关联类的商品，从而增加商铺的销售量。

（2）聚类。聚类类似于分类，但与分类的目的不同，是针对数据的相似性和差异性将一组数据分为几个类别，常用的有 K-Means（K 均值）、均值漂移聚类、基于密度的聚类方法（DBSCAN）等。属于同一类别的数据间的相似性很大，但不同类别之间数据的相似性很小，跨类的数据关联性很低。聚类方法可以用于话题发现、关键词推荐等，如在搜索引擎中，很多网民的查询意图是比较类似的，对这些查询进行聚类，可以使用类内部的词进行关键词推荐，则也有助于发现网民的新话题等。

（3）回归分析。回归分析反映了数据库中数据属性值的特性，通过函数表达数据映射的关系来发现属性值之间的依赖关系，常用的有线性回归、Logistic 回归等。回归分析方法可以应用到对数据序列的预测及相关关系的研究中去，如通过对本季度销售的回归分析，对下一季度的销售趋势做出预测及针对性的营销改变。

（4）关联规则。关联规则是隐藏在数据项之间的关联或相互关系，即可以根据一个数据项的出现推导出其他数据项的出现，常用的有 Apriori 算法、AIS 算法、STEM 算法等。关联规则挖掘技术已经被广泛应用于金融行业企业中以预测客户的需求，银行在自己的 ATM 机上通过捆绑客户可能感兴趣的信息供用户了解，并获取相应信息来改善自身的营销策略。

（5）神经网络。神经网络作为一种先进的人工智能技术，因其自身自行处理、分布存储和高度容错等特性，非常适合处理非线性的及那些以模糊、不完整、不严密的知识或数据为特征的问题。当前非常热门的深度学习方法就是建立在深度神经网络基础上的数据分析方法，其中有常用于影像数据进行分析处理的卷积神经网络（简称 CNN）、文本分析或自然语言处理的递归神经网络（简称 RNN），常用于数据生成或非监督式学习应用的生成对抗网络（简称 GAN）等。

1. 回归分析

根据是否对具有标记的训练样本进行学习，我们将学习分为监督学习（有标记）和无监督学习（无标记）。基于方程或数学运算而建立模型的算法，根据输入属性所取的值生成一个连续的值来表示输出的算法，被称为回归算法。回归分析是确定两个或两个以上变量间相互依赖的定量关系的一种统计分析方法，它的思想是根据若干个变量的一系列实际观测值，推断出这些变量之间存在的函数关系，然后再利用所获得的函数关系预测某个变量的取值。回归分析按照涉及的变量多少，分为一元回归分析和多元回归分析；按照自变量和因变量之间的关系类型，可分为线性回归分析和非线性回归分析。

（1）线性回归

线性回归（Linear Regression）可能是最流行的机器学习算法。线性回归就是要找一条直线，并且让这条直线尽可能地拟合散点图中的数据点，它是监督学习的一种。它试图通过将直线方程与该数据拟合来表示自变量（x 值）和数值结果（y 值）。这种算法最常用的技术是最小二乘法（Least of squares），如图 6-9 所示。如何判断拟合的直线（或曲线）是否为最佳？当所有点到该直线的竖直距离的平方和 $\sum(y-y')^2$ 最小时，得到的直线（或曲线）最佳（注：y 是实际值，y'是模拟值）。

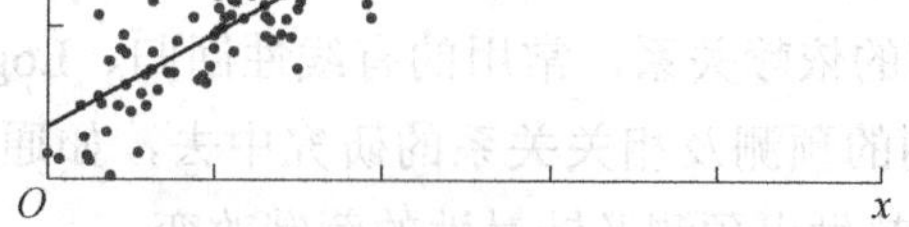

图 6-9 最小二乘法原理

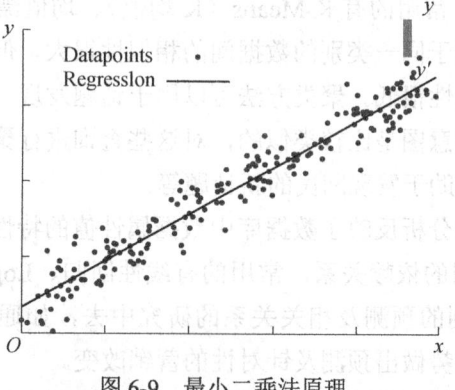

进行回归分析时，需要使用残差来衡量回归分析结果的优劣。残差是预测值和实际观测值之间的差额。当我们获得了一个回归分析的函数关系时，对于给定的自变量，可以计

算出因变量的值。但是这种函数只是尝试去逼近真实的情况，由于随机误差等因素，根据函数关系计算得到的因变量的值（又称预测值）与实际观测值有一定的差距。残差就是用来衡量其大小的指标。残差越小，说明预测值和实际观测值越接近，回归分析的结果也越好。常见的如我们采用 Excel 做回归分析时，残差系统会自动计算。

注意：如果我们使用大数据进行回归，那一定是在寻找相关性和一些数据依据。

例如，当我们需要设计一个预测模型进行房屋估价，房屋估价系统的问题就是当知道房屋面积、卧室个数与房屋价格的对应关系之后，在得知一个新的房屋信息后如何得到对应的新房屋价格。如果我们将房屋面积用 x_1 表示，卧室个数用 x_2 表示，即房屋价格 $h(x)$ 可以被表示为房屋面积与卧室个数的一维线性方程：

$$h(x)=h_\theta(x)=\theta_0+\theta_1x_1+\theta_2x_2$$

这就是典型的回归分析应用。

（2）逻辑回归

逻辑回归是一个用于分类的线性模型，通常也称作最大熵分类或对数线性分类器。

逻辑回归的因变量既可以是二分类的，也可以是多分类的，但是二分类更常用一些。逻辑回归常用于数据挖掘、疾病自动诊断、经济预测等领域，例如，可以挖掘引发疾病的主要因素，或根据这些因素来预测发生疾病的概率。

逻辑回归主要用于分类问题，我们以二分类为例，对于所给数据集假设存在这样的一条直线可以将数据完成线性可分。决策边界可以表示为 $w_1x_1+w_2x_2+b=0$，假设某个样本点 $h_w(x)=w_1x_1+w_2x_2+b>0$，那么可以判断它的类别为 1，这个过程其实是感知机。

逻辑回归还需要加一层，它要找到分类概率 $P(y=1)$ 与输入向量 x 的直接关系，然后通过比较概率值来判断类别。它涉及的知识及细节非常多，大家可以查阅相关资料，此处不多讲述。

（3）线性回归分析案例

奥利 • 阿什菲尔特（Orley Ashenfelter）是普林斯顿大学（Princeton University）经济学家，喜欢琢磨数据，爱好喝葡萄酒。他曾经利用双胞胎的工资水平来评估受教育年限的边际效应；还曾观察各州限速的差异来评估各州对统计分析的重视程度。他也是当时美国最顶尖的经济学期刊《美国经济评论》（*American Economic Review*）的主编。他曾花费心思研究的一个问题是，如何通过数字评估波尔多（Bordeaux）葡萄酒的品质。与罗伯特 • 帕克（Robert Parker）这样的评酒专家通常所使用的“品咂并吐掉”的方法不同，奥利用数字指标来判断能拍出高价的酒所应该具有的品质特征。

“其实很简单，”他说，“酒是一种农产品，每年都会受到气候条件的强烈影响。”因此奥利采集了法国波尔多地区的气候数据加以研究，他发现如果收割季节干旱少雨，且整个夏季的平均气温较高，该年份就容易产出品质上乘的葡萄酒。正如彼得 • 帕塞尔（Peter Passell）在《纽约时报》（*New York Times*）中报告的那样，奥利给出的统计方程与数据高度吻合。

奥利的葡萄酒理论简化后的方程式为：

$$葡萄酒的品质=12.145+0.00117\times冬天降雨量+0.0614\times葡萄生长期平均气温-0.00386\times收获季节降雨量$$

把任何年份的气候数据代入上面的这个式子，奥利就能预测出任意一种葡萄酒的平均品质。如果把这个式子变得更稍微复杂精巧一些，他还能更准确地预测出 100 多个酒庄的葡萄酒品质，“这是法国人把他们葡萄酒庄园排成著名的 1855 个等级时所使用的方法”。

更有意思的是，奥利从对数字的分析中还能得出气候与酒价之间的关系。他发现冬季降雨量每增加 1 毫米，酒价就有可能提高 0.00117 美元。当然，这只是“有可能”而已。

对数据的分析使奥利可以在葡萄刚刚收获的时候就能预测出葡萄酒未来的品质——而品酒师需要在几个月后才能尝到第一口酒，更是在葡萄酒卖出的数年之前。在葡萄酒期货交易活跃的今天，奥利的预测能够给葡萄酒收集者们极大的帮助。他的预测模型成功准确地预测了 1989 年和 1990 年的葡萄酒为“世纪佳酿”。

总体来说，各个领域的统计分析都在揭示出隐藏在各种各样不同的信息背后的相互关系。大数据分析可以弄清楚相互独立的各种因素的可测度效应。

此外，在 20 世纪 90 年代后期，eHarmony 的创始人和推动者尼尔·克拉克·沃伦（Neil Clark Warren）对 5000 多对夫妻进行了研究，并首次提出了一个用来预测适应性的统计模型，这个模型包括 29 个与个人情感秉性、社会风格、认知模式及关系技巧等相关的不同变量。采用回归分析方法，使用历史数据估计不同的原因变量对某个感兴趣的变量的影响大小。感兴趣的变量是夫妻之间的适应程度，而原因变量是反映夫妻二人的感情、社会及认知特征的 29 个变量。eHarmony 建立了一个用于预测偏好的公式，它的回归方程通过使用人们甚至不了解的、无法说出的个性和性格特征把最适合的人相互匹配起来。

2. 决策树

决策树是用于分类和预测的强大而常用的工具。决策树是一种树形结构，其中每个内部节点表示一个属性上的判断，每个分支代表一个判断结果的输出，最后每个叶节点代表一种分类结果。决策树的生成算法有 ID3、C4.5 和 C5.0 等。

基于决策树方法的好处在于决策树表示规则，规则可以被很容易地表达出来，以便人们能够理解这些规则。这些规则可以用数据库语言（如 SQL）表示，这样就可以检索属于某个特定类别的记录。

决策树的构建过程涉及在树的每层上识别分割属性和划分标准。它的构建过程的目标是生成具有高精度的简单逻辑规则。构建决策树是一种有吸引力的分类方法。决策节点通过分支连在一起，连接路径自根节点向下，直到叶节点终止。按照惯例，根节点被放置在决策树图的顶部，从根节点开始，在决策节点进行属性测试，每个可能的结果都产生一个分支。每个分支要么与另一个决策节点相连，要么到达一个终止叶节点。如图 6-10 所示，展示了一个简单决策树的例子。

如图 6-10 所示，决策树的目标变量是信贷风险，潜在客户的信用风险被归类为高或低，预测变量是存款（少、中、多）、资产（少或者不少）及收入（≤70000 元或者≥70000 元）。

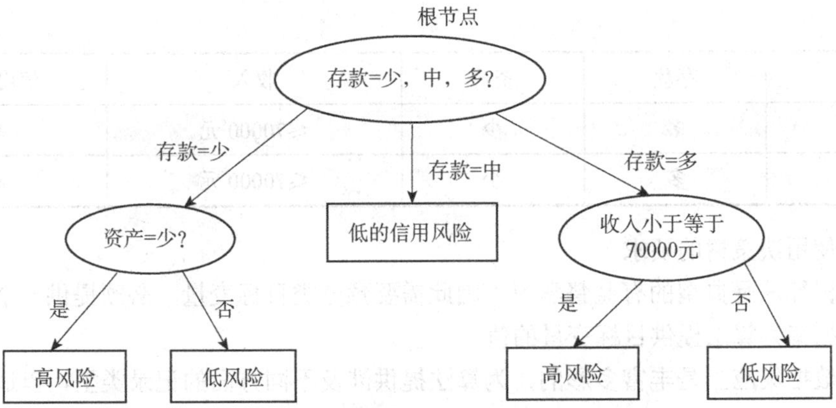

图 6-10　简单的决策树

这里，根节点代表一个决策节点，测试每个记录是否具有少、中或多类别的存款水平（由分析或领域专家所定义）。根据该属性的值，数据集被划分或拆分。存款少的那些记录沿着最左边的分支（存款=少）到另一个决策节点；存款多的记录沿着最右边的分支到了不同的决策节点。存款级别为中等的记录经由中间分支直接到达叶节点，表示该分支的终止。为什么是到了一个叶节点，而不是另一个决策节点？因为在数据集中（未展示出），所有中等存款级别的记录已被分类为低的信用风险，没有必要再添加另一个决策节点。在数据集中，只要客户存款等级为中等，就能 100%地准确预测他具有良好的信用。

如果不能进行进一步的拆分，决策树算法将不会再添加新节点。例如，假设所有分支终止于“纯”叶节点，在该节点的记录中目标变量是一元的（例如，在叶节点中的每个记录是一个低信用风险），那么进一步的划分是没有必要的，所以节点层次将不会再增长。

然而，存在这样的情况：一个特定的节点包含“多样性”的属性（目标属性不是一元值），而决策树不能划分。例如，我们就图中的记录用存款等级为多、收入为低（≤70000 元）来考虑。假设有 5 个记录符合这些值，这 5 个记录的资产等级为低。最后，假设这 5 个客户中有 3 个被分为高信用风险，两个为低信用风险，如表 6-1 所示。在现实世界中，人们也经常遇到像这样的情况，即使预测变量的值完全相同，但是结果却是不同的。

在此，由于所有客户具有相同的预测值，根据预测变量，没有方法将记录分类到一个“纯”的叶节点。因此，这样的节点变成不“纯”的叶节点，对应目标属性有多种取值。在这种情况下，决策树可能以 60%的置信度将这样的客户分类为“高”信用风险类别，因此在这个节点中，3/5 的客户都存在高信用风险。

表 6-1　不能被分类为“纯”叶节点的记录样本

客户	存款	资产	收入	信用风险
004	多	少	≤70000 元	低
009	多	少	≤70000 元	低
027	多	少	≤70000 元	高

（续表）

客户	存款	资产	收入	信用风险
031	多	少	≤70000 元	高
104	多	少	≤70000 元	高

（1）使用决策树的要求

决策树算法是典型的有监督学习，因此需要预分类目标变量，必须提供一个训练数据集，该数据集为算法提供目标变量的值。

训练数据集应当是丰富多彩的，为算法提供涉及不同方面的记录类型，以适应未来的分类需求。以决策树学习为例，如果示例记录缺乏系统定义的子集，那么对这个子集进行分类和预测将会存在问题。

目标属性类必须是离散的。也就是说，决策树分析不适用于目标变量为连续型值的情况。当然，目标变量的值必须能明确界定属于或不属于某个特定的类。

在上面的示例中，为什么决策树选择存款属性作为根节点划分？为什么不选择资产或收入来代替？决策树寻求建立一组尽可能“纯”的叶节点；也就是说，在一个特定的叶节点中的记录具有相同的分类。以这种方式，决策树的分类可信度可能是最大的。

（2）建树和剪枝

决策树要达到寻找最纯净划分的目标要干两件事，即建树和剪枝。

①建树。

第一，如何按次序选择属性。也就是首先确定在树根上及树节点的是哪个变量呢？这些变量是从最重要到次重要依次排序的，那怎么衡量这些变量的重要性呢？ID3 算法用的是信息增益，C4.5 算法用信息增益率，CART 算法使用基尼系数。决策树方法会把每个特征都试一遍，然后选取那个能够使分类分得最好的特征，也就是说，将 A 属性作为父节点产生的纯度增益（Gain A）大于 B 属性作为父节点的纯度，则 A 就作为优先选取的属性。

第二，如何分裂训练数据（对每个属性选择最优的分割点）。如何分裂数据，也即分裂准则是什么？依然是通过不纯度来分裂数据，通过比较划分前后的不纯度值来确定如何分裂。

下面做具体的介绍。

- CART 算法。既可以做分类，也可以做回归，只能形成二叉树。

分支条件：二分类问题。

分支方法：对于连续特征，可以比较阈值，高于某个阈值就属于某一类，低于某个阈值就属于另一类。对于离散特征，可以抽取子特征，比如颜值这个特征，有帅、丑、中等三个水平，可以先分为帅的和不帅的，不帅的里面再分成丑的和中等的。

得分函数（y）就是上面提到的 $g_t(X)$，对于分类树取分类最多的那个结果（也即众数），对于回归树则取均值。

损失函数在这里指分类的准则，也就是求最优化的准则。对于分类树（目标变量为离散变量），指同一层所有分支假设函数的基尼系数的平均；对于回归树（目标变量为连续变量），指同一层所有分支假设函数的平方差损失。

对于分类树（目标变量为离散变量），使用基尼系数作为分裂规则。比较分裂前的 Gini 和分裂后的 Gini 减少多少，减少得越多，则选取该分裂规则，这里的求解方法只能是离散穷举。直观地说，数据集 D 的基尼系数 Gini(D)反映了从数据集 D 中随机抽取两个样本，其类别标记不一致的概率，因此 Gini(D)越小，则数据集 D 的纯度越高。

对于回归树（目标变量为连续变量），使用最小方差作为分裂规则，只能生成二叉树。

- ID3 算法。使用信息增益作为分裂的规则，信息增益越大，则选取该分裂规则多分叉树。信息增益可以理解为，有了 x 以后对于标签 p 的不确定性的减少，减少得越多越好，即信息增益越大越好。
- C4.5 算法。使用信息增益率作为分裂规则（需要用信息增益除以该属性本身的熵），此方法避免了 ID3 算法中的归纳偏置问题，因为 ID3 算法会偏向于选择类别较多的属性（形成分支较多会导致信息增益大）。多分叉树连续属性的分裂只能为二分裂，离散属性的分裂可以为多分裂，比较分裂前后信息增益率，选取信息增益率最大的。
- 三种方法对比。ID3 的缺点是倾向于选择水平数量较多的变量，可能导致训练得到一个庞大且深度浅的树；另外输入变量必须是分类变量（连续变量必须离散化）；最后无法处理空值。C4.5 选择了信息增益率替代信息增益。CART 以基尼系数替代熵，最小化不纯度而不是最大化信息增益。

②剪枝。那如何停止分裂呢？树的完全长成会出现过拟合问题，抑制这种情况的方法叫树的剪枝。树的剪枝分为预剪枝和后剪枝，预剪枝是及早地停止树增长，控制树的规模。此处不多讲述，感兴趣的读者请查阅相关资料。

3. 随机森林

尽管有剪枝等方法，一棵树的生成肯定还是不如多棵树，因此就有了随机森林解决决策树泛化能力弱的缺点，其原理可以理解成三个臭皮匠顶过诸葛亮。

同一批数据，用同样的算法只能产生一棵树，这时 Bagging 策略可以帮助我们产生不同的数据集。Bagging 策略来源于 Bootstrap Aggregation：从样本集（假设样本集有 N 个数据点）中重采样（有放回的采样，样本数据点个数仍然不变为 N）选出 N_b 个样本，在所有样本上对这 n 个样本建立分类器（ID3/C4.5/CART/SVM/LOGISTIC），重复以上两步 m 次，获得 m 个分类器，最后根据这 m 个分类器的投票结果，决定数据属于哪一类。

随机森林在 Bagging 的基础上更进一步。

（1）样本的随机。从样本集中用 Bootstrap 随机选取 n 个样本。

（2）特征的随机。从所有属性中随机选取 K 个属性，选择最佳分割属性作为节点建立 CART 决策树（泛化的理解，这里面也可以是其他类型的分类器，比如 SVM、Logistics）。

（3）重复以上两步 m 次，即建立了 m 棵 CART 决策树。

（4）这 m 个 CART 决策树形成随机森林，通过投票表决结果，决定数据属于哪一类（投票机制有一票否决制、少数服从多数、加权多数）。

此过程中可以考虑如下调参：①如何选取 K，可以考虑有 N 个属性，取 $K=\sqrt{N}$；②最大深度（不超过 8 层）；③树的棵数；④最小分裂样本树；⑤类别比例。

随机森林是一种集成学习方法，基本思想是把几棵不同参数的决策树打包到一起，每棵决策树单独进行预测，然后计算所有决策树预测结果的平均值（适用于回归分析）或所有决策树“投票”得到最终结果（适用于分类）。在随机森林算法中，不会让每棵树都生成最佳的节点，而是在每个节点上随机选择一个特征进行分裂。

4. 贝叶斯网络

贝叶斯网络（Bayesian network）又被称为信念网络（Belief Network），是一种通过有向无环图（Directed Acyclic Graph，DAG）表示一组随机变量及其条件依赖概率的概率图模型。在概率图中，每个节点表示一个随机变量，有向边表示随机变量之间的依赖关系，两个节点若无连接则表示它们是相互独立的随机变量。用条件概率表示变量间依赖关系的强度，无父节点的节点用先验概率表达信息。

贝叶斯网络中的节点可以表示任意问题，丰富的概率表达能力能较好地处理不确定性信息或问题。贝叶斯网络中所有节点都是可见的，并且可以非常直观地观察到节点间的因果关系。这些特性使得贝叶斯网络在众多智能系统中有重要的作用。

贝叶斯理论用来根据一个已知发生事件的概率计算另一个事件发生的概率。

$$P(A \mid B)P(B)=P(B \mid A)P(A)$$

或

$$P(A \mid B)=\frac{P(B \mid A)P(A)}{P(B)}$$

$P(A \mid B)$是条件概率，也称作后验概率，是指在另一个事件B已经发生的情况下事件A发生的概率。$P(A)$是全概率。贝叶斯算法涉及很多基本概念，如随机试验、事件与空间、概率、先验概率、条件概率、全概率等。感兴趣的读者请自行查阅相关资料了解。

贝叶斯算法可用于对电子邮件进行分类。算法基本步骤如下。

（1）从电子邮箱中收集足够多的垃圾邮件和非垃圾邮件的内容作为训练集。

（2）读取全部训练集，删除其中的干扰字符，如【】*.、等，再删除长度为1的单个字，这样的单个字对于文本分类没有贡献，剩下的词汇将被认为是有效词汇。

（3）统计全部训练集中每个有效词汇的出现次数，截取出现次数最多的前N个（可以根据实际情况进行调整）。

（4）根据每个经过第（2）步预处理后的垃圾邮件和非垃圾邮件内容生成特征向量，统计第（3）步中得到的N个词汇分别在该邮件中出现的频率。每个邮件对应于一个特征向量，特征向量长度为N，每个分量的值表示对应的词汇在本邮件中出现的次数。例如，特征向量[3，0，0，5]表示第一个词汇在本邮件中出现了3次，第二个和第三个词汇没有出现，第4个词汇出现了5次。

（5）根据第（4）步中得到的特征向量和已知邮件，分类创建并训练朴素贝叶斯模型。

（6）读取测试邮件，参考第（2）步，对邮件文本进行预处理，提取特征向量。

（7）使用第（5）步中训练好的模型，根据第（6）步提取的特征向量对邮件进行分类。

5. 支持向量机

支持向量机（Support Vector Machine，SVM）是通过寻找超平面对样本进行分隔从而实现分类或预测的算法，分隔样本时的原则是使得间隔最大化，寻找间隔最大的支持向量；在二维平面上相当于寻找一条“最粗的直线”把不同类别的物体分隔开，或者说寻找两条平行直线对物体进行分隔，并使得这两条平行直线之间的距离最大。如果样本在二维平面上不是线性可分的，无法使用一条简单的直线将其完美分隔开，可尝试着通过某种变换把所有样本都投射到三维空间（例如，把一类物体沿 z 轴正方向移动靠近用户，另一类物体沿 z 轴负方向移动远离用户），然后使用一个平面（例如，屏幕所在的平面）进行分隔。如果样本在三维空间仍不是线性可分的，可尝试着投射到更高维空间使用超平面进行分隔，以此类推。尽管在更高维空间的超平面投影回到原来维度的空间后不是线性的，但是这并不重要。

如果样本在原来维度的空间中不是线性可分的，就投影到更高维的特征空间进行处理，支持向量机的核决定了如何投影到更高维空间，这也是支持向量机的关键所在。常用的核有线性核、多项式核（Polynomial Kernel）、径向基函数核（Radial Basis Function，RBF）、拉普拉斯核和 Sigmoid 核。支持向量机在人脸识别、文本分类、图像分类、手写识别、生物序列分析等模式识别应用中取得了较大成功。

在支持向量机算法中，核函数和正则化参数的选择非常重要。核函数的参数决定了边界的形状，对模型也有较大影响。例如，RBF 核的 gamma 参数用来调节内核宽度，gamma 值越小，RBF 核的直径越大，模型越简单，但容易出现欠拟合；gamma 值越大，模型越复杂，容易出现过拟合问题；正则化参数 C 越小表示单个数据点对模型影响越小，模型越简单。在多项式核的 SVC 中起决定作用的是 degree 参数（多项式核函数的阶数）和正则化参数 C。

支持向量机（SVM）算法比较适合图像和文本等样本特征较多的应用场合。基于结构风险最小化原理，对样本集进行压缩，解决了以往需要大样本数量进行训练的问题，它将文本通过计算抽象成向量化的训练数据，提高了分类的精确率。

常见的支持向量机应用有通过新闻和主题相关的词汇对新闻主题进行分类，手写图像分类等。

6.6　数据可视化

数据可视化（Data Visualization）技术是指运用计算机图形学和图像处理技术，将数据转换为图形或图像在屏幕上显示出来，并进行交互处理的理论、方法和技术。它借助人脑的视觉思维能力，将抽象的数据表现成为可见的图形或图像，帮助人们发现数据中隐藏的内在规律。可视化技术作为解释大数据最有效的手段之一，最初被科学与计算领域运用，它对分析结果的形象化处理和显示，在很多领域得到了广泛应用。可视分析起源于2005年，它是一门通过交互可视界面来分析、推理和决策的科学，通过将可视化和数据处理分析方法相结合，提高可视化质量的同时为用户提供更完整的大规模数据解决方案。

大数据时代，庞大的数据量使得用户阅读和理解数据上需要花费大量时间，数据可视化是一种高效地刻画和呈现数据的方法。数据可视化是数据分析流程中非常重要的一个环节。在机器学习领域，缺失数据、过度训练、过度调优等都会影响模型的建立，可视化分析可以帮助解决其中的一些问题。例如，特征选择时，可以通过可视化分析的方法辅助来找到合适的特征集合。以箱线图为例，箱线图可以展示数据中的中位数及上下四分位数，较好地展示了数据分散情况。箱线图还提供了一种定义异常值的方法，可以直观地比较某一变量的取值对另一变量的影响，例如，房子的位置、楼层等对房价的影响。

可视化分析在机器学习的数据预处理、模型选择、参数调优等阶段也同样发挥着重要作用。在数据建模的过程中，容易辨别出数据的分布、异常、参数取值对模型性能的影响等。

在分析结果展示时，通过建立可视化仪表盘，组合多幅可视化图表，从不同的角度呈现信息，全方位展示分析结论。

除了辅助数据分析之外，可视化分析为看似冰冷的数据增加了趣味性，直观清晰地表达数据信息。在信息传播领域，可视化结果的独特风格（颜色、线条、轴线、尺寸等）不仅将有价值的信息展示出来，也更像是一件精美的艺术品，让数据展示变得富有情感。

6.6.1 数据可视化分析方法

1. 领域方法

根据数据的来源领域及数据的性质进行可视化，包括地理信息可视化、空间数据可视化、跨媒体数据可视化、实时数据可视化等。比如文本可视化，是要将文本中的隐藏信息（比如词频、文本重要性等）展示出来。

网络数据可视化形式有树形图、圆锥图、气球图、放射图等，可以应用在疾病传播研究、搜索引擎设计、路由网络设计等多个领域。鉴于网络数据中的一些内在属性难以进行可视化，且容易产生视觉噪声，所以要对这一类属性进行缩放。由于数据量较大，而且彼此之间的关系较为复杂，所以网络中的边可能会出现交叉，因为这种图形不利于认知，所以需要简化处理。例如，利用K-均值、高斯混合模型等算法进行聚类，再辅以网络布局算法将网络节点按序依次放置，可以得到相对顺畅平滑的网络图像。

多维数据可视化是将高维的数据经过转换展示在二维平面中。在绘制时，可以考虑采用平行坐标系、放射坐标系、散点图矩阵、多维分析、主成分分析、因子分析等方式。对于多维数据，需要应用降维算法来压缩维度并且保留分布信息，同时还需要对数据做聚类，提炼数据中的特征将数据归纳分类。

2. 基础方法

数据可视化的基础图表有统计图表、视觉隐喻图形，常见的统计图形有柱状图、折线图、饼图、箱图、散点图、气泡图、雷达图、热力图、等值线等。不同的统计图表有各自的适用场合，如折线图适合显示发展趋势，饼图适合展示各自的占比。散点图适合展示X、Y两个变量之间的关联与联系，如身高/体重、广告投入/收入等，如果需要分析变量之间的关系，则使用散点图。如图6-11所示为折线图，表示气温特征随着月度变化的趋势。如图6-12所示为饼图，清晰地表示了不同类别的手机的出货量占比情况。如图6-13所示为直方图，清晰地展示了各年的经融机构信贷收支对比情况。数据可视化在数据探索性分析时会用到，在数据分析结果展示时也要使用，用数据说话，离不开数据可视化。

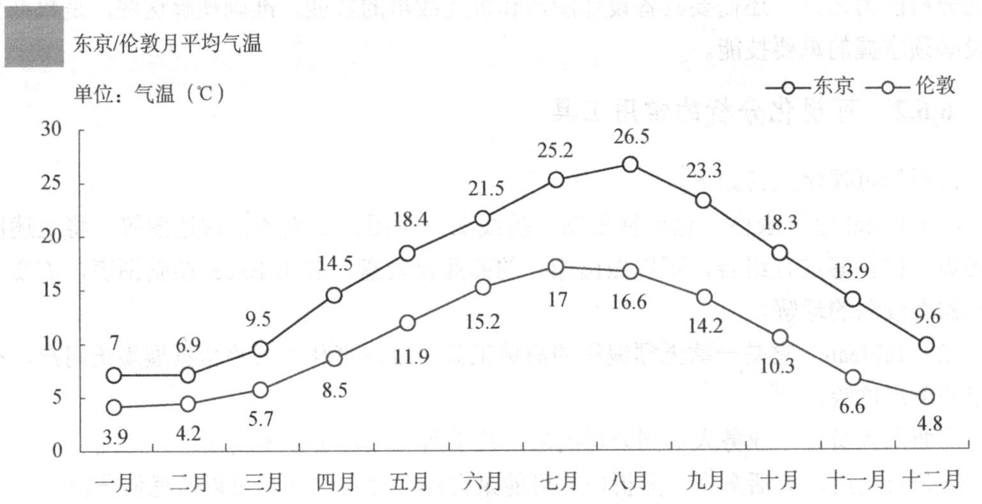

图 6-11 东京/伦敦月平均气温

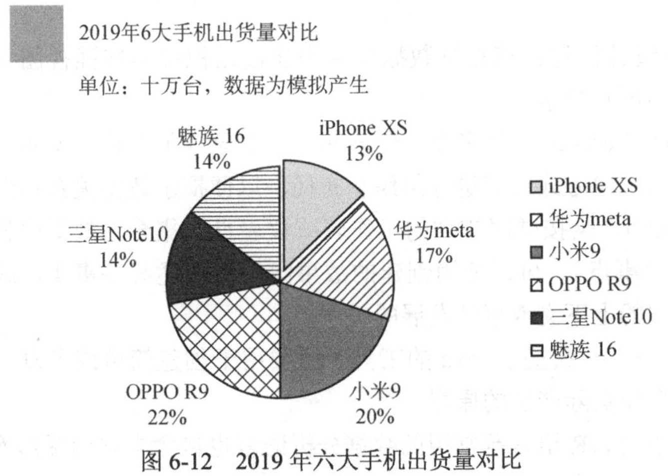

图 6-12 2019 年六大手机出货量对比

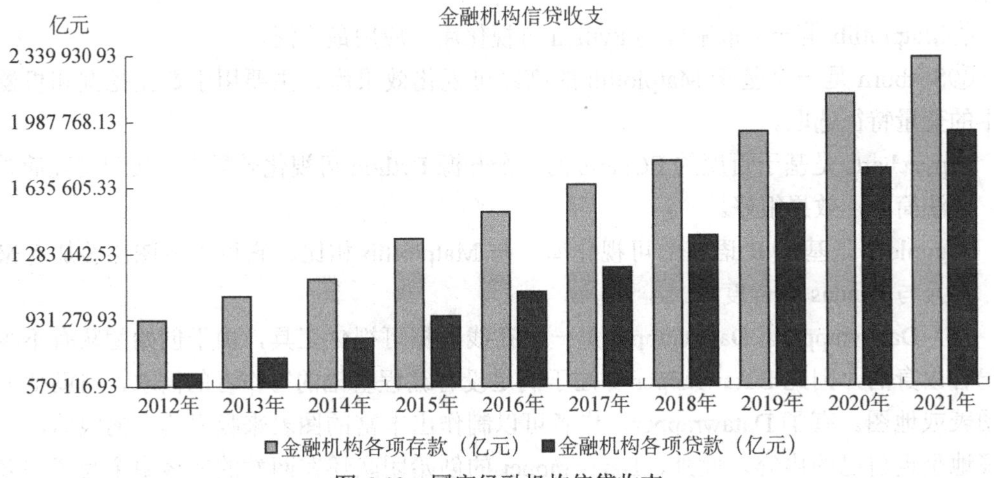

图 6-13 国家经融机构信贷收支

数据可视化涵盖了广泛多样的应用情景。要制作精美优质的数据可视化，除了需要出色的分析能力之外，还需要具备设计图形和讲述故事的技能。准确理解这些，是数据分析人员必须掌握的重要技能。

6.6.2 可视化分析的常用工具

常用的可视化工具如下。

（1）Excel 电子表格，包括柱形图、折线图、饼图、散点图、雷达图等，将上述图形与函数、控件等进行组合，可以做出漂亮的商业仪表盘。利用 Excel 绘制图表，需要对数据结构有较深的理解。

（2）Tableau。它是一款无须编程的简单工具，以图形化方式将数据展现给用户，有着不错的用户体验。

①面向人员。从业务人员到公司高层，几乎所有人都可以使用它。

②分析角度。灵活多变，分析内容可能来自任何地方，客户可以做任何分析。

③及时性。实时连接，可查看当前所有数据，同时通过内存数据引擎，可以大大提高数据访问效率。

④Tableau 的设计流程：连接到数据库→构建数据视图→增强视图→创建工作表→创建和组织仪表盘→创建故事。

⑤仪表盘（Dashboard），是多个工作表和一些对象（如图像、文本、网页和空白等）的组合，可以按照一定方式对其进行组织和布局，以便揭示数据关系和内涵。

⑥故事（Story），是按顺序排列的工作表或仪表盘的集合，故事中各个单独的工作表或仪表板称为“故事点”。可以使用创建的故事向用户叙述某些事实，或者以故事的方式揭示各种事实之间的上下文或事件发展的关系。

（3）Processing，一款基于 Java 的工具，主要用于创建简单或者复杂的图像、动画，用于创建学习模型和实际产品的原型。

（4）Python 语言、R 语言等常用的数据分析语言也包含丰富的图形库，常用的可视化库如下。

①Matplotlib 是一个最基础的 Python 可视化库，应用最广泛。

②Seaborn 是一个基于 Matplotlib 的高级可视化效果库，主要用于数据挖掘和机器学习中的变量特征选取。

③pyecharts 是基于百度的 ECharts 的一个开源 Python 可视化效果库，实现交互简单方便，语法简单，效果很好。

④ggplot2 是基于 R 语言的可视化库，与 Matplotlib 相比，它可以将图层叠加起来绘图，并且与 Pandas 整合度高。

（5）Datawrapper。Datawrapper 是一款在线数据可视化工具，由于创始团队有不少人是记者出身的，因此 Datawrapper 专注于满足没有编程基础的写作者的需求，帮助他们制作图表或地图。有了 Datawrapper，作者可以制作出丰富的图表来吸引读者的眼球，同时更好地呈现自己的内容。此外，Datawrapper 的创始团队还在网站的博客中撰写了许多有趣的文章，分享他们制作图表的心得及各种数据背后的故事。

（6）Flourish。免费工具，可以生成动图，功能较弱。

（7）D3（Data-Driven Documents）数据可视化工具中的佼佼者，基于 JavaScript 开发，其实就是一个 JavaScript 的函数库，主要是用来做数据可视化。

除了上述工具之外，数据可视化在科学可视化领域有 3D Slicer，地理信息领域有 ArcGIS 等软件，在文献信息可视化中有 CiteSpace 软件，应用于各种网络、复杂系统和动态分层图的交互可视化和探索平台的 Gephi 软件等。将可视分析软件有 GapMinder、Google Public Data Explorer、Palantir 等。

6.6.3 数据可视化的应用举例

俄罗斯程序员 Ruslan Enikeev 为了探索这个宇宙，绘制了面积庞大而美丽的“星系图”，囊括 196 个国家和地区的网络上最大的 350000 个网站信息。这个项目的名称是 The Internet Map，如图 6-14 所示。

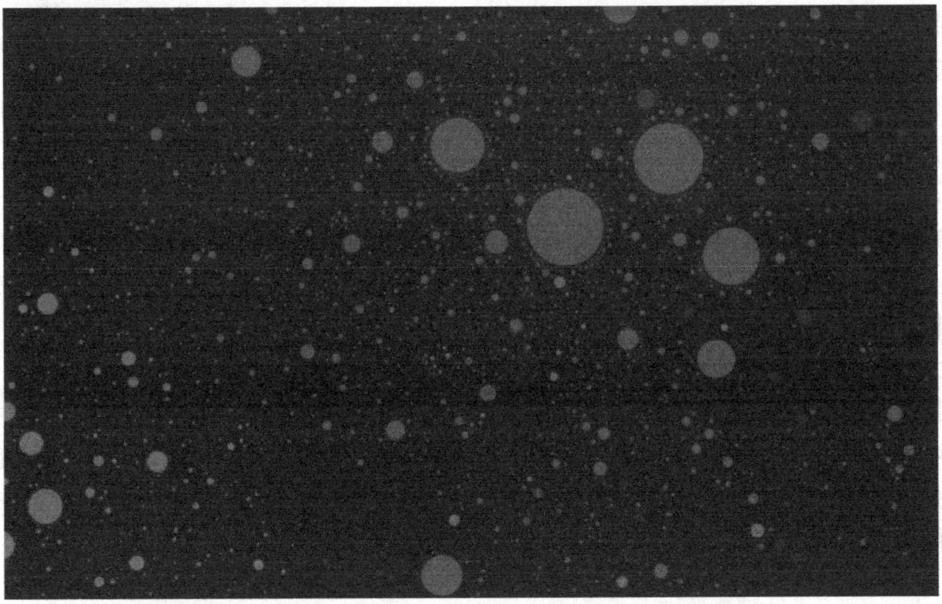

图 6-14　The Internet Map 星系图：反映网络虚拟一面的宇宙

它将每个网站都化为大小不一的“星球”，并铺在一个平面上。一个“星球”代表一个网站，每一个“星球”的大小根据其网站流量来决定，而“星球之间”的距离远近则根据链接出现的频率、强度和用户跳转时创建的链接等因素决定。

这张图中，不同颜色的“星球”代表着不同国别的网站，The Internet Map 尝试一窥隐藏在全球互联网背后的结构，测量它巨大的规模，以及力图去解释无法通过统计数字所了解的部分。

第 7 章　大数据安全

在大数据时代，每个人都是大数据的使用者和生产者。人们在享受着基于数据服务带来的快捷、高效的同时，也笼罩在一个“信息泄露无处不在”“裸奔”的时代。信息安全是一个重要的问题。

在互联网时代，亚马逊监视着我们的购物习惯，谷歌监视着我们的网页浏览习惯，抖音知道我们的喜爱，微信知道我们的社交关系网，进行大数据分析的人可以轻松地看到大数据的价值潜力。从斯诺登事件曝光美国全球监控计划来看，实际上他曝光的不仅是一种监控，也揭露了网络安全，包括每个人上网的行为、习性、轨迹，很多数据都可以精确定位、收集。

大数据普遍存在巨大的数据安全需求，由于存储、网络、软件后门等原因，成为黑客觊觎的目标。我国爆出过“2000 万条酒店开房数据泄露”的安全事件，引起社会的广泛关注。内部人员盗窃或贩卖数据的案例也屡见不鲜，例如，2017 年，我国某著名互联网公司内部员工盗取并贩卖涉及交通、物流、医疗、社交、银行等个人信息 50 亿条。管理咨询公司埃森哲等研究机构 2016 年发布的一项调查研究结果显示，其调查的 208 家企业中，69%的企业曾在过去一年内“遭公司内部人员窃取数据或试图盗取”。

大数据在人们的生活和生产中产生了重要的影响，已经成为各领域关注的重点。大数据在带来积极效应的同时，也带来了一定的风险。大数据在采集、存储和应用过程中，都面临着安全风险，本章将对大数据的安全与隐私进行阐述，对相应的技术进行探究，主要包括大数据安全概述、大数据隐私保护、大数据在安全领域中的应用、大数据安全技术发展等。

7.1　大数据安全概述

数据，被称为新时代的“黄金”或者“石油”。数据正在成为企业的核心资产，成为创新的关键来源，成为国家的战略资源。大数据应用的场景越来越多、越来越深入，数据越来越值钱，自然也成为违法犯罪分子的重点关注目标。他们除了直接盗取数据进行倒卖之外，也会用全面的数据构建精准诈骗活动，甚至对用户数据进行加密然后勒索赎金。同时，因为利用关键基础设施的数据、特定行业的生产数据能够分析出国家的重要战略情报，这也使得数据安全关系到国家安全。与此同时，全球范围内各种各样的数据安全相关事件层出不穷。

7.1.1　大数据安全的意义

据报道，在 2016 年 12 月 10 日，互联网上有疑似某公司 12GB 的用户数据被明码标价售卖，被泄露的数据包括用户名、密码、邮箱、电话号码、身份证等多个维度，数据多达数千万条。

在大量网友的质疑声中，12 月 11 日，某公司在其官方微信公众号上发布了题为《关于有媒体报道某公司数据安全问题的声明》，确认了数据泄露的真实性。该公司表示，经公司信息安全部门依据报道内容初步判断，此次数据泄露源于 2013 年 Struts2 的安全漏洞问题，已经完成了系统修复。某公司声明中所提到的 Struts 是 Apache 基金会赞助的一个开源项目，Struts 框架广泛应用于政府、公安、交通、金融行业和运营商的网站建设，作为网站开发的底层模板使用，是大数据系统的重要组成部分。正是 Struts2 安全漏洞处置失当，中国许多大型网站受到攻击，甚至商业银行和国家级的政府网站也未能幸免。

从此案例可以看到，进行大数据存储、处理、计算、分析、共享等功能的大数据系统，其用户身份鉴别、访问控制功能、入侵防范等功能是否严格，决定了大数据系统入侵者能否侵入系统、盗走数据。从当前人类社会发展阶段来说，数据安全问题如果失控，会影响全社会对数字经济的信心，阻碍人类社会的进步。

在今天的万物智能、万物互联的大数据环境下，用户在工作和生活中几乎每时每刻都在产生各种数据，并且被各种各样不同形态的产品、服务、设备、机构从各种不同的维度采集下来，这些数据被收集、存储、使用，甚至交易。用户的账户信息、个人信息和数据在很多业务平台或者服务中都有关联。这个过程中，用户的隐私、自身权益和安全如何保证是我们面临的新挑战。很多专家承认，今天已经不可能有个人隐私了，即便拥有用户数据的某个产品或者机构很好地保护了用户隐私数据，但是对于有目的的攻击者来说，总是可以通过各种其他渠道获得各种数据，然后进行关联汇总和还原。

从数据本身的角度来看，在今天的大数据环境下，数据的产生、流动、处理等过程比以前要丰富和复杂很多，数据嵌入在业务的流程中经常和业务无法分割，业务环境更加开放，业务生态异常复杂，没有清晰的系统、业务或者组织边界。在非常多的场景下，对数据的处理效率有很高的要求，导致原来的很多安全技术手段无法适应。此外，和数据相关的应用、人员等环节具有快速变化的特点。互联网应用的升级周期非常短，业务和代码的变化都很频繁，代码或者应用之间的关联关系复杂，这些都导致了系统层面的安全风险控制难度大幅增加。

7.1.2　大数据安全面临的问题

大数据安全伴随大数据应运而生。随着互联网、大数据应用的爆发，数据丢失和个人信息泄露事件频发，地下数据交易黑灰产造成数据滥用和网络诈骗，并引发恶性社会事件，甚至危害国家安全。

1. 大数据面临诸多威胁

大数据面临数据被滥用、误用和被窃取等安全威胁。滥用指的是对数据的使用超出了其预先约定的场景或目的，例如，员工在没有工作场景支持的情况下访问了客户的个人敏感信息，这是大量内鬼倒卖个人信息但是组织却不知道的主要原因之一。需要强调的是，在现今的大数据业务环境下，无法做到针对每一条个人信息、每一个员工在每一个工作场景的请求下进行单独的数据访问许可授权。

误用指的是在正常范围内对数据进行处理的过程中泄露了个人敏感信息。这是当今大数据时代存在的典型问题。大数据时代是通过对数据的各种分析带来各种业务创新，保持业务价值的，但是这个分析过程会不会泄露某个特定人的隐私呢？这就属于是否误用的问题了。企业如果知道用户的喜好和需求，就可以给用户发送更加精准的广告，提供更加适合的服务，但是这个过程中，用户不希望自己的一举一动都被企业看到，成了没有隐私的透明人。如今，大家都在采集和分析数据，但是很多企业还缺乏技术能力或者安全意识，无法避免这些数据在分析处理的全过程中泄露用户的隐私。

被窃取比较容易理解，本质上和系统安全相关性较大。外部的网络攻击者为了偷取数据，通过各种技术手段非法入侵系统，这时候就出现了数据安全的问题。如今大量的网站或者应用的安全防护水平都很低，导致黑客可以从中大量窃取数据，令用户防不胜防。另外，人们经常没有注意到的是，内部人员入侵作案、偷取客户数据或者公司商业秘密往往比外部入侵的比例要大很多。可是很多企业依然只重视对外部入侵的防御而忽视了内部入侵的防范，没有意识到内部威胁带来的危害。

2. 大数据的巨大体量使其更容易成为被攻击的目标

大数据环境中，巨大、海量数据的管理问题是对每一个大数据运营者的最大挑战。在网络空间，大数据是更容易被“发现”的显著目标，大数据成为网络攻击的第一演兵场所。一方面，大量数据的集中存储增加了泄露风险，黑客的一次成功攻击就能获得比以往更多的数据量，无形中降低了黑客的进攻成本，增加了“攻击收益”；另一方面，大数据意味着海量数据的汇集，这里面蕴藏着更复杂、更敏感、价值巨大的数据，这些数据会引来更多的潜在攻击者。

3. 大数据的繁多类型使得信息有效性验证工作大大增加

大数据时代，由于不再拘泥于特定的数据收集模式，使得数据来自多维空间，各种非结构化的数据与结构化的数据混杂在一起。未来面临的挑战将会是如何从海量数据中提取需要的信息。很多组织将不得不接受的现实是，太多无用的数据造成了信息不足或信息不匹配。具体而言，依托于大数据进行算法处理得出预测，但是如果这些收集上来的数据本身有问题，又该如何呢？也许大数据的数据规模可以使得我们无视一些偶然非人为的错误，但是如果有人故意放出干扰数据呢？现在非常需要研究相关的算法来确保数据来源的有效性，尤其在强调数据有效性的大数据领域。正是因为这个原因，对于正在收集和储存大量客户数据的公司来说，最显而易见的威胁就是在过去的几年里，存放于企业数据库中数以 TB 计、不断增加的客户数据是否真实可靠、依然有效。众所周知，海量数据本身就蕴藏着价值，但是如何将有用的数据与没有价值的数据进行区分是一个棘手的问题，甚至会引发越来越多的安全问题。

4. 大数据的低密度价值分布使得安全防御边界有所扩展

大数据广种薄收似的价值量度使得信息效能被摊薄了，大数据的安全预防与攻击事件的分析过程更加复杂，相当于安全管理范围被放大了。大数据时代的安全与传统信息安全相比，变得更加复杂，具体体现在3个方面：第一，大量的数据汇集，包括大量的企业运营数据、客户信息、个人的隐私和各种行为的细节记录，这些数据的集中存储增加了数据泄露风险；第二，因为一些敏感数据的所有权和使用权并没有被明确界定，很多基于大数据的分析都未考虑到其中涉及的个体隐私问题；第三，大数据给数据完整性、可用性和秘密性带来挑战，在防止数据丢失、被盗取、被滥用和被破坏上存在一定的技术难度，传统的安全工具不再像以前那么有用。

5. 大数据的快速处理要求对安全性提出了高性能要求

一方面，大数据需要利用海量数据快速得出有用信息的属性，系统内网络和各种吞吐量都是巨大的，因此要求其有非常高的处理效率。另一方面，在我们用数据挖掘和数据分析等大数据技术获取有价值信息的同时，“黑客”也可以利用这些大数据技术发起新的攻击。“黑客”会最大限度地收集更多有用信息，比如社交网络、邮件、微博、电话和家庭住址等。大数据分析使“黑客”的攻击更加精准。此外，“黑客”可能会同时控制上百万台傀儡机，利用大数据发起僵尸网络攻击，这也给大数据安全提出了更高的要求。

6. 大数据网络的相对开放性使得安全加固策略的复杂性有所降低

在大数据环境下，数据的使用者同时也是数据的创造者和供给者，数据间的联系是可持续扩展的，数据集是可以无限延伸的，这些原因就决定了关于大数据的应用策略要有新的变化，并要求大数据网络更加开放。大数据要对复杂多样的数据存储内容做出快速处理，这就要求很多时候安全管理的敏感度和复杂度不能定得太高。此外，大数据强调广泛的参与性，这将倒逼系统管理者调低许多策略的安全级别。当然大数据的大小也影响到安全控制措施能否正确地被执行，若是升级速度无法跟上数据量非线性增长的步伐，就会暴露大数据安全防护的漏洞。

7.2 大数据隐私保护

关于隐私的内涵，国内外不同的学者给出了不同的解释，概括起来有以下3点：

（1）隐私划分为个体隐私与群体隐私，群体隐私是人们在与他人关系中所寻求的一种隐私形式，而个体隐私则是一种不受打扰或独处的状态。

（2）隐私应包含三种因素，即匿名、独处与保密。匿名能够让人有充分表达的自由，在一定情景下不会受到外人的关注，独处是指一种隐蔽且不希望他人接近的状态，保密是指知晓他人信息的一方有义务对他人的信息进行保密，防止信息的泄露与滥用。

（3）从决定、信息和场所 3 个方面对隐私的内涵做出了界定，决定的隐私指人们免于不受欢迎的他人对其行为与决定的干扰，信息的隐私指人们有权阻止他人对个人信息的窥探，场所的隐私指人们有权禁止他人进入个人的空间或领域。

由于社会信息化和网络化的发展导致数据爆炸式增长，传统的隐私内容都可以以信息的形式被互联网采集、存储和传播，而大数据技术的不断进步使得隐私范围扩展到了人们的经济生活、文化生活、社会生活等各方面，数据挖掘技术可以将之前无法聚合的数据聚集起来，更迅速、更准确地发现有价值的信息，这些信息如果被有效地利用，则可以给人类生活带来诸多便利，但是若是无限制或恶意利用，也会带来不可估量的损失。

7.2.1 数据保护与保密

大数据安全中，数据是最重要的要素之一，这里的数据不仅仅是指个人隐私，随着国家对政务公开的要求，以及办公自动化、工业互联网等技术的发展，除了个人隐私以外，公司的机密甚至国家的秘密也是大数据安全的研究内容。下面将从数据保护、隐私保护与保密等概念入手，介绍大数据安全中的个人隐私、公司机密、国家秘密之间的关系，以及大数据保护与保密面临的问题和相关技术。

以数据为中心的安全，需要把安全聚焦在数据本身，围绕数据的生命周期来建设安全能力，包括各个环节相关系统的安全情况、各个环节专门的数据安全产品和策略、安全运营、制度和管理体系设计、专业人员能力建设等。一个组织自己通过以数据为中心的安全，需要解决的是内部人员滥用、业务场景误用和防止外部窃取的风险控制问题。然而，该领域中面临的挑战非常多，今天的数据是融合在业务中、在开放的生态环境中流动的，不可能脱离业务把数据剥离出来进行防护，也不可能用静态数据的安全防护方法来解决问题。一些情况下数据的规模、业务的速度及场景，都导致很多传统的技术和方法无法直接发挥效果。从社会或者行业管理的角度来说，这时候更加需要一种衡量任一组织数据安全能力的方法。有了这种方法并且形成足够的能力，才能够评价行业或者整体的数据安全状况，也才能够针对有问题的环节给出具体的改进要求。

7.2.2 国内隐私保护相关政策法规

目前，我国尚未出台专门的个人信息保护法，个人信息和隐私保护相关规定散见于法律法规和规章制度之中。据统计，目前我国有近 40 部法律、30 余部法规及近 200 部规章涉及个人信息和隐私的保护。总体而言，尽管相关的法律法规不少，但是较为分散、不成体系，且所涉及的法律法规层级普遍偏低。下面简要描述一些涉及隐私保护的重要法规条款。

我国正逐步加强公民个人信息保护方面的顶层立法工作，陆续在网络安全法、刑法和民法等基本法中加入个人信息保护的内容，不断完善个人信息保护法律体系。

1.《中华人民共和国宪法》

《中华人民共和国宪法》第 33 条、第 38 条、第 39 条和第 40 条关于保障人权、人格尊严、通信和住宅隐私的有关规定，是中国个人信息权利的宪法来源。

2.《中华人民共和国网络安全法》

《中华人民共和国网络安全法》第40条至第45条，对个人信息保护做出有关规定，明确了我国个人信息保护的基本原则和框架。第40条是对网络运营者保护用户信息义务的原则规定，要求网络运营者对其收集的用户信息严格保密，建立健全用户信息保护制度。第41条对网络运营者收集、使用个人信息应遵守的规则进行了规定，这些规定与国际通行规则是一致的。第42条是关于个人信息安全原则、个人信息匿名化处理和个人信息泄露报告义务的规定，首次明确提出建立数据泄露通知报告机制。第43条是关于个人信息删除权和更正权的规定，信息主体在具备法定理由的情形下，拥有请求删除其个人信息的权利；在个人信息不完整或不准确时，拥有要求及时改正、补充的权利。第44条是关于禁止非法获取、非法出售、非法提供个人信息的规定。第45条是关于负有网络安全监督管理职责的部门及其工作人员的保密义务的规定。

3.《中华人民共和国刑法》

我国正逐步加大威胁个人信息安全行为的刑事罪责，从法律的强制性上加强个人信息保护。

《中华人民共和国刑法修正案（七）》在第253条后增加一条："国家机关或者金融、电信、交通、教育、医疗等单位的工作人员，违反国家规定，将本单位在履行职责或者提供服务过程中获得的公民个人信息，出售或者非法提供给他人，情节严重的，处三年以下有期徒刑或者拘役，并处或者单处罚金。"《中华人民共和国刑法修正案（七）》的出台具有重大意义，我国第一次将个人信息保护写入刑法，规定了国家机关与金融、电信等领域工作人员出售或非法提供个人信息的法律后果。

2015年8月29日第十二届全国人民代表大会常务委员会第十六次会议通过《中华人民共和国刑法修正案（九）》，对第253条之一做出修改，将"出售、非法提供公民个人信息罪"和"非法获取公民个人信息罪"整合为"侵犯公民个人信息罪"。

2017年5月9日，最高人民法院会同最高人民检察院联合发布《最高人民法院、最高人民检察院关于办理侵犯公民个人信息刑事案件适用法律若干问题的解释》。解释在刑法修正案（九）的基础上列出13条具体的司法解释，明确了"公民个人信息的范围"包括身份识别信息和活动情况信息，细化了非法获取、提供公民个人信息的认定标准。

4.《中华人民共和国民法总则》

为了进一步保障公民的个人信息安全，我国将个人信息保护的内容纳入民法中，强化公民个人信息民事权益保护。2017年3月15日，第十二届全国人大五次会议表决通过了《中华人民共和国民法总则》，并于2017年10月1日起施行。民法总则规定，自然人的个人信息受法律保护，任何组织和个人需要获取他人信息的，应当依法取得并确保信息安全，不得非法收集、使用、加工、传输他人个人信息，不得非法买卖、提供或者公开他人个人信息。2020年5月28日，第十三届全国人大三次会议表决通过了《中华人民共和国民法典》，自 2021 年 1 月 1 日起施行，《中华人民共和国民法总则》同时废止。

5.《电信和互联网用户个人信息保护规定》

除国家层面加快个人信息保护的相关立法进程外，我国各行业和领域也开始高度重视个人信息保护工作，出台专门的个人信息保护行业法律法规或部门规章，或是将个人信息保护有关内容写入相关法律法规中，进一步完善了个人信息保护法律体系。

为了进一步完善电信和互联网行业个人信息保护法律体系，保护电信和互联网用户的合法权益，维护网络与信息安全，工业和信息化部于 2013 年出台了《电信和互联网用户个人信息保护规定》。规定明确了电信业务经营者和互联网信息服务提供者在提供服务的过程中收集的个人信息范畴，即能够单独或者与其他信息结合识别用户的信息。进一步明确了电信业务经营者、互联网信息服务提供者收集、使用用户个人信息的规则和信息安全保障措施要求。同时对电信管理机构实施监督检查和违反个人信息保护的行为应当承担的法律责任进行规定和说明。

6.《中华人民共和国消费者权益保护法》及条例

2013 年 10 月 25 日，第十二届全国人民代表大会常务委员会第五次会议修正通过了新版消费者权益保护法，并于 2014 年 3 月 15 日开始正式实施。第 29 条对个人信息保护做了明确规定："经营者收集、使用消费者个人信息，应当遵循合法、正当、必要的原则，明示收集、使用信息的目的、方式和范围，并经消费者同意。经营者收集、使用消费者个人信息，应当公开其收集、使用规则，不得违反法律、法规的规定和双方的约定收集、使用信息。"

2016 年 11 月，国家工商总局公布《消费者权益保护法实施条例（征求意见稿）》。第 22 条规定："经营者收集、使用消费者个人信息应当遵循合法、必要、正当的原则，明示收集、使用信息的目的、方式和范围并征得消费者同意，经营者不得收集与经营业务无关的信息或者采取不正当方式收集信息。消费者明确要求经营者删除、修改其个人信息的，除法律法规另有规定外，经营者应当按照消费者的要求予以删除、修改。"条例对实施消费者个人信息保护做出了明确规定，成为消费者权益保护法的护航者，对保障个人信息安全起到了重要作用。

7.3 典型案例

这里给出一些大数据安全方面的典型案例，包括棱镜门事件、维基解密、Facebook 数据滥用事件、手机应用软件过度采集个人信息、12306 数据泄露、免费 WiFi 窃取用户信息、收集个人隐私信息的"探针盒子"等。

7.3.1 棱镜门事件

2013 年 6 月，斯诺登将美国国家安全局关于"棱镜计划"的秘密文档披露给了《卫报》和《华盛顿邮报》（见图 7-1），引起世界关注。

图7-1 前CIA（美国中央情报局）技术分析员爱德华·斯诺登

棱镜计划（PRSM）是一项由美国国家安全局自2007年起开始实施的绝密电子监听计划，该计划的正式名号为“US-984XN”。在该计划中，美国国家安全局和联邦调查局利用平台和技术上的优势，开展全球范围内的监听活动。众所周知，全世界管理互联网的根服务器共有13台，1台主根服务器和12台辅根服务器，1台主根服务器和9台辅根服务器在美国本部，美国有最大的管理权限，所以可以直接进入相关网际公司的核心服务器里拿到数据、获得情报，对全世界重点地区、部门、公司甚至个人进行布控，监控范围包括信息发布、电子邮件、即时聊天消息、音视频、图片、备份数据、文件传输、视频会议、登录和离线时间、社交网络资料的细节、部门和个人的联系方式与行动。其中包括两个秘密监视项目：一是监视、监听民众电话的通话记录；二是监视民众的网络活动。

通过棱镜计划，美国国安局甚至可以实时在全球范围内监控一个人正在进行的网络搜索内容。可以收集大量个人上网痕迹，诸如聊天记录、登录日志、备份文件、数据传输、语音通信、个人社交信息等，一天可以获得50亿人次的通话记录。美国国安局全方位、高强度监控全球互联网与电信业务的“棱镜”等计划，彰显美国凭借平台及科技优势独霸网络信息的野心，使得网络信息安全受到前所未有的关注，将深刻影响网络时代的国家战略与规划。

7.3.2 维基解密

维基解密是一个由国际性非营利组织创建的互联网媒体，专门公开来自匿名来源和网络泄露的文档。该网站成立于2006年12月，由阳光媒体运作。在成立一年后，网站宣称其文档数据库成长至逾120万份。维基解密的目标是发挥最大的政治影响力，维基解密大量发布机密文件的做法使其饱受争议。支持者认为维基解密捍卫了民主和新闻自由，而反对者则认为大量机密文件的泄露威胁了相关国家的国家安全，并影响国际外交。2010年3月，一份由美军方反间谍机构在2008年制作的军方机密报告称，维基解密网站的行为已经对美国军方机构的情报安全和运作安全构成了严重的威胁。这份机密报告称，该网站上泄露的一些机密可能会影响到美国军方在国内和海外的运作安全。

7.3.3 Facebook数据滥用事件

很多人在谈到大数据安全时，会把数据泄密和数据滥用混为一谈，但是，一些被称为“数据泄密”的场景，实际上属于“数据滥用”，即把获得用户授权的数据用于损害用户利益的用途。

2018年3月中旬，《纽约时报》等媒体揭露称一家为特朗普竞选团队提供服务的数据分析公司剑桥分析（Cambridge Analytica）获得了Facebook数千万用户的数据，并进行违规滥用。随后，Facebook创始人马克·扎克伯格发表声明，承认平台曾犯下的错误，随后相关国家和机构开启调查。4月5日，Facebook首席技术官博客文章称，Facebook上约有8700万用户受影响，随后剑桥分析驳斥称受影响用户不超过3000万。4月6日，欧盟声称Facebook确认270万欧洲人的数据被不当共享。根据告密者克里斯托夫·维利的指控，剑桥分析在2016年美国总统大选前获得了5000万名Facebook用户的数据。这些数据最初由亚历山大·科根通过一款名为“this is your digital life”的心理测试应用程序收集。通过这款应用，剑桥分析不仅从接受心理测试的用户处收集信息，还获得了他们好友的资料，涉及数千万用户的数据。能参与该心理测试的Facebook用户必须拥有约185名好友，因此覆盖的Facebook用户总数达到5000万人。

获取Facebook的用户数据以后，剑桥分析研究人员将这些数据用于精准地归纳关于个体用户的高敏感度信息（如性格、性取向等）。根据现代心理学中描述人格特质的“五大性格模型”，研究人员将个人性格分为不受语言或文化影响的5个维度，其中包括坦率、认真、外向、和善及情绪不稳定性。研究人员将5.8万名志愿者作为研究对象，跟踪他们在Facebook上的点赞倾向，并由此发掘了很多有趣的相关性现象，如给歌手妮琪·米娜（Nicki Minaj）点赞的人们与“外向”高度相关，多次表达对Hello Kitty的喜爱是“坦率”的表现等。手动利用五大性格模型只能较为泛泛地解释一些现象，相比之下，一套机器学习算法能发掘出更深层次的关联，例如，存在于人们给不同对象的“赞”、他们在性格测试上的答案，以及其他个人数字足迹之间的关联。这样，一个更全面且富有细节的个人特征档案就可以被创造出来了。通过建模分析人们在Facebook上留下的记录，发掘他们的个性特点，就可以定向推送广告，影响人们在大选中的选举行为。

随着Facebook“数据门”不断发酵，在各国媒体的扒皮中，背后的数据分析公司剑桥分析也逐渐清晰起来，浮现在大众眼前。据英媒报道，剑桥分析至少参与了各国超过200场竞选，其中包括尼日利亚、肯尼亚、马来西亚、捷克、墨西哥、印度和阿根廷等。在这些国家的选举中，剑桥分析公司使用大量的个人数据来构建心理分析图，以确定选民的政治和宗教信仰、性取向、肤色和政治行为，这些分析结果被用于改变选民的选举倾向，最终影响选举的结果。

7.3.4 手机应用软件过度采集个人信息

个人信息买卖已形成一条规模大、链条长、利益大的产业链，这条产业链结构完整、分工细化，个人信息被明码标价。个人信息泄露的一条主要途径就是经营者未经本人同意暗自收集个人信息，然后泄露、出售或者非法向他人提供个人信息。在日常生活中，部分手机应用软件（App）往往会“私自窃密”。例如，部分记账理财App会通过留存消费者的个人网银登录账号、密码等信息，并模仿消费者网银登录的方式，获取账户交易明细等信息。有的App在提供服务时，采取特殊方式来获得用户授权，这本质上仍属“未经同意”。例如，在用户协议中，将“同意”之选项设置为较小字体，且已经预先勾选，导致部分消费者在未知情况下进行授权。手机 App 过度采集个人信息呈现普遍趋势，最突出的是在非必要的情况下获取位置信息和访问联系人权限。像天气预报、手电筒这类功能单一的手机 App，在安装协议中也提出要读取通讯录，这与第十一届全国人民代表大会常务委员会第三十次会议通过的《全国人民代表大会常务委员会关于加强网络信息保护的决定》中明确规定的手机软件在获取用户信息时要坚持必要原则相悖。面对一些存在“过分”权限要求的 App，很多时候用户只能被迫选择接受，因为不接受就无法使用 App。2019 年央视“3・15”晚会就点名了一款叫“社保掌上通”的手机软件，在晚会现场，经主持人实际操作发现，当用户在该 App 上输入身份证号、社保账号、手机号等信息完成注册后，计算机远程就能截取到用户的几乎所有信息，而且“社保掌上通”还通过不平等、不合理的条款强制索取用户隐私权，并且未得到政府相关部门的官方授权。经央视曝光后，工信部立即启动应用商店联动处置机制，要求腾讯、百度、华为、小米、OPPO、VIVO、360 等国内主要应用商店全面下架“社保掌上通”App，并对“社保掌上通”手机 App 的责任主体杭州递金网络科技有限公司进行核查处理。

此外，在微信朋友圈广泛传播的各种测试小程序，也可能在窃取用户个人信息。众多网友在授权登录测试页面时，微信、QQ 号、姓名、生日、手机号等很多个人信息都会被测试程序的后台获得，这些信息很可能被用作商业用途，给网友的切身利益造成损失。同时，不法分子还设计了更加隐蔽的个人信息获取方式。例如，制作多种测试小程序在微信朋友圈进行分发，有的测试小程序负责收集参与测试用户的个人喜好，有些测试小程序负责收集用户的收入水平，有些测试小程序负责收集用户的朋友关系，虽然用户参与某个测试只是提供了部分个人信息，但是，当用户长期下来参与了多个测试以后，不法分子就可以获得某个用户较为全面的个人信息。

7.3.5　12306 数据泄露

中国铁路客户服务中心（12306 网）是铁路服务客户的重要窗口，将集成铁路客货运输信息，为社会和铁路客户提供客货运输业务和公共信息查询服务。2014 年 12 月 25 日，12306 订票官方网站被指流出约 13 万份用户数据，其中包括姓名、身份证号、手机号、用户名、密码等敏感信息。事发第二天，中国铁道总公司官方微博称，铁路公安机关于 12 月 25 日晚将嫌疑人蒋某某、施某某成功抓获，嫌疑人通过手机互联网某游戏网站及其他多个网站泄露的用户名加密码信息，尝试登录其他网站进行“撞库”，非法获取用户的其他信息，并谋取非法利益。

7.3.6　免费 Wi-Fi 窃取用户信息

作为应用最广的无线上网技术，Wi-Fi 能够让其覆盖区域内的笔记本电脑、手机及平板电脑等设备与互联网高速连接，随时随地上网。随着智能手机和平板电脑的普及，这项免费便捷的无线上网技术越来越受到人们的欢迎。免费的 Wi-Fi 网络已经成为宾馆、酒店、咖啡厅、餐厅及各类商铺的标准配置，“免费 Wi-Fi”的标志在城市里几乎随处可见。

许多年轻人无论走到哪里，总是喜欢先搜寻一下无线信号，“有免费 Wi-Fi 吗？密码是多少？”也成为他们消费时向商家询问最多的问题。在免费上网的背后，其实也存在着不小的信息安全风险，或许一不小心，就落入了黑客们设计的 Wi-Fi 陷阱之中。

曾经有黑客在某网络论坛发帖称，只需要一台计算机、一套无线网络设备和一个网络包分析软件，他就能轻松地搭建出一个不设密码的 Wi-Fi 网络，而一旦其他用户用移动设备连接上这个 Wi-Fi，之后再使用手机浏览器登录电子邮箱、网络论坛等账号时，他就能很快分析出该用户的各种密码，进而窃取用户的私密信息，甚至利用用户的 QQ、微博、微信等社交软件发布广告诈骗信息，整个过程非常简单，往往几分钟内就能得手。而这种说法，也在专业实验中被多次证实。

随着 Wi-Fi 运用的普及，除了黑客之外，许多商家也在 Wi-Fi 这一平台上打起了自己的算盘。通过 Wi-Fi 后台记录上网者的手机号等联系信息，可以更加有针对性地投放广告短信，达到精准营销、招揽客户的目的。许多顾客在使用 Wi-Fi 之后会收到大量的广告信息，甚至自己的手机号码也会被当作信息进行多次买卖。

7.3.7 收集个人隐私信息的“探针盒子”

近年来，针对个人信息的收集设备如雨后春笋般大量涌现，被 2019 年央视“3・15”晚会曝光的“探针盒子”就是一款自动收集用户隐私的产品。当用户手机无线局域网处于打开状态时，会向周围发出寻找无线网络的信号，探针盒子发现这个信号后，就能迅速识别出用户手机的 MAC 地址，转换成 IMEI 号，再转换成手机号码，然后向用户发送定向广告。一些公司将这种小盒子放在商场、超市、便利店、写字楼等地，在用户毫不知情的情况下，搜集个人信息，甚至包括婚姻状况、教育程度、收入、兴趣爱好等个人信息。

第 8 章　大数据与云计算、物联网、人工智能

8.1　云 计 算

8.1.1　云计算的概念

“云”实质上就是一个网络，从狭义上讲，“云计算”就是一种提供资源的网络，使用者可以随时获取“云”上的资源，按需求量使用，并且可以看成是无限扩展的，只要按使用量付费就可以使用。“云”就像自来水厂一样，我们可以随时接水，并且不限量，只需按照自己家的用水量付费给自来水厂即可。

从广义上说，云计算是与信息技术、软件、互联网相关的一种服务，这种计算资源共享池叫作“云”，云计算把许多计算资源集合起来，通过软件实现自动化管理，只需要很少的人参与，就能让资源被快速提供。也就是说，计算能力作为一种商品，可以在互联网上流通，就像水、电、煤气一样，可以方便地取用，且价格较为低廉。

总之，云计算不是一种全新的网络技术，而是一种全新的网络应用概念，云计算的核心概念就是以互联网为中心，在网站上提供快速且安全的云计算服务与数据存储，让每一个使用互联网的人都可以使用网络上的庞大计算资源与数据中心。

云计算是继互联网、计算机之后，在信息时代的又一种新的革新，云计算是信息时代的一个大飞跃，未来的时代可能是云计算的时代。虽然目前有关云计算的定义有很多，但总体上来说，云计算的基本含义是一致的，即云计算具有很强的扩展性和需要性，可以为用户提供一种全新的体验，云计算的核心是可以将很多的计算机资源协调在一起，因此，用户通过网络就可以获取到无限的资源，同时获取的资源不受时间和空间的限制。

8.1.2　云计算的特点

云计算的可贵之处在于高灵活性、可扩展性和高性价比等，与传统的网络应用模式相比，其具有如下优势与特点。

1. 虚拟化技术

必须强调的是，虚拟化突破了时间、空间的界限，是云计算最为显著的特点，虚拟化技术包括应用虚拟和资源虚拟两种。众所周知，物理平台与应用部署的环境在空间上是没有任何联系的，正是通过虚拟平台才得以对相应终端操作完成数据备份、迁移和扩展等。

2. 动态可扩展

云计算具有高效的运算能力，在原有服务器基础上增加云计算功能能够使计算速度迅速提高，最终实现动态扩展虚拟化的层次达到对应用进行扩展的目的。

3. 按需部署

计算机包含了许多应用、程序软件等，不同的应用对应的数据资源库不同，所以用户运行不同的应用需要较强的计算能力对资源进行部署，而云计算平台能够根据用户的需求快速配备计算能力及资源。

4. 灵活性高

目前市场上大多数 IT 资源、软件、硬件都支持虚拟化，比如存储网络、操作系统和开发软、硬件等。虚拟化要素统一放在云系统资源虚拟池当中进行管理，可见云计算的兼容性非常强，不仅可以兼容低配置机器、不同厂商的硬件产品，还能够外设获得更高性能的计算。

5. 可靠性高

倘若服务器发生故障也不影响计算与应用的正常运行。因为单点服务器出现故障可以通过虚拟化技术将分布在不同物理服务器上面的应用进行恢复，或利用动态扩展功能部署新的服务器进行计算。

6. 性价比高

将资源放在虚拟资源池中进行统一管理在一定程度上优化了物理资源，用户不再需要昂贵、存储空间大的主机，可以选择相对廉价的 PC 组成云，一方面减少了费用，另一方面计算性能不逊于大型主机。

7. 可扩展性

用户可以利用应用软件的快速部署条件来更为简单快捷地将自身所需的已有业务及新业务进行扩展。如计算机云计算系统中出现设备的故障，对于用户来说，无论是在计算机层面上，抑或是在具体运用上均不会受到阻碍，可以利用计算机云计算具有的动态扩展功能来对其他服务器开展有效扩展，这样一来就能够确保任务有序完成。在对虚拟化资源进行动态扩展的情况下，同时能够高效扩展应用，提高计算机云计算的操作水平。

8.1.3　云计算的分类

1. 公有云

公有云（Public Cloud）通常指云的提供商向普通用户提供使用权的云。公有云一般可通过 Internet 使用，可在当今整个开放的公有网络中使用。一般来说，公有云可免费使用或使用费用低廉。

公有云的特点如下。

（1）数据安全性相对较差。

（2）价格相对便宜。云计算对用户端的设备要求较低。

（3）数据共享方便。云计算可以轻松实现不同设备间的数据与应用共享。

（4）多方式使用网络。云计算为用户使用网络提供了多种可能方式。

2. 私有云

私有云（Private Clouds）是为某一个特定用户单独使用而构建的，因而向该用户提供的对数据、安全及服务质量等的控制都是极为有效的，该用户几乎可以完全控制在此私有云上部署的应用程序。私有云可部署在企业数据中心的防火墙内，也可以部署在一个安全的主机托管场所。

私有云的特点如下。

（1）数据相对安全。

（2）服务质量稳定。

（3）硬件受限制。

（4）不影响私有云用户的现有 IT 管理的流程。

3. 混合云

混合云（Hybrid Cloud）融合了公有云和私有云，是近年来云计算的主要模式和发展方向。私有云主要面向企业用户，出于安全考虑，企业更愿意将数据存放在私有云中，但是同时又希望可以获得公有云的计算资源。在这种情况下，混合云越来越多地被采用，它对公有云和私有云进行融合和匹配，以获得更佳的效果。这种个性化的解决方案，达到了既省钱又安全的目的。

8.1.4 云计算的服务模式

云计算的服务类型分为三类：基础设施即服务（IaaS）、平台即服务（PaaS）和软件即服务（SaaS），如图 8-1 所示。这三种云计算服务有时称为云计算堆栈，因为它们构建堆栈，它们位于彼此之上，以下是这三种服务的概述。

1. 基础设施即服务（IaaS）

基础设施即服务是主要的服务类别之一，它向云计算提供商的个人或组织提供虚拟化计算资源，如虚拟机、存储、网络和操作系统。

该层指云计算服务商提供虚拟的硬件资源，用户通过网络租赁即可搭建自己的应用系统。IaaS 属底层，向用户提供可快速部署、按需分配、按需付费的高安全与高可靠的计算能力，并向用户提供存储能力的租用服务，还可为应用提供开放的云服务接口，用户可以根据业务需求，灵活租用相应的云基础资源。

2. 平台即服务（PaaS）

平台即服务是一种服务类别，为开发人员提供通过全球互联网构建应用程序和服务的平台。PaaS 为开发、测试和管理软件应用程序提供按需开发环境。

该层将云计算应用程序开发和部署的平台作为一种服务提供给客户，该服务包括应用设计、应用开发、应用测试和应用托管等。开发者只需要上传代码和数据就可以使用云服务，而不需关心底层的具体实现方式和管理模式。

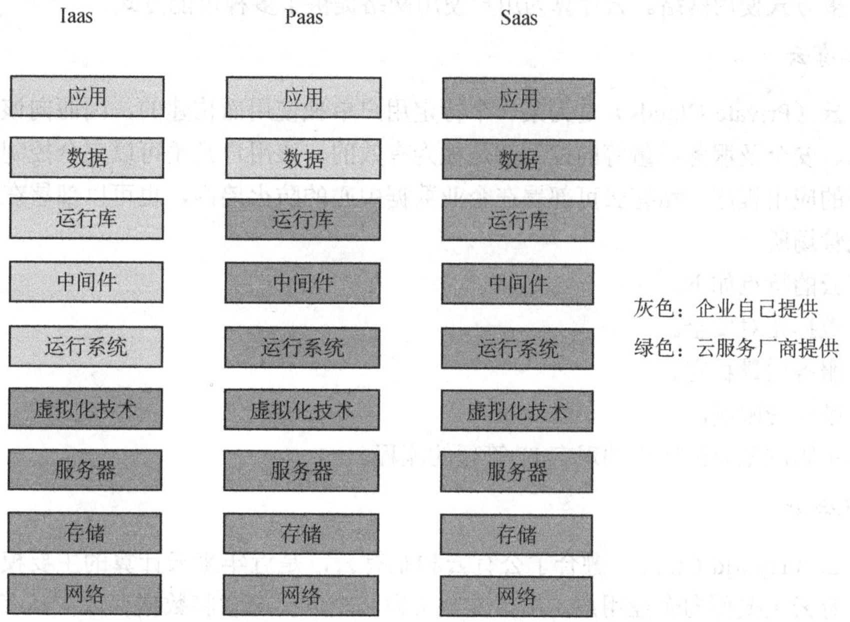

图 8-1 三种云计算服务模式提供的服务

3. 软件即服务（SaaS）

软件即服务也是其服务的一类，通过互联网提供按需软件付费应用程序，云计算提供商托管和管理软件应用程序，允许其用户连接到应用程序，并通过全球互联网访问应用程序。

该层通过部署硬件基础设施对外提供服务。用户可以根据各自的需求购买虚拟或实体的计算、存储、网络等资源。用户可以在购买的空间内部署和运行包括操作系统和应用程序在内的软件，而不需管理或控制任何云计算基础设施（事实上也不能管理或控制），但用户可以选择操作系统、存储空间，并部署自己的应用，也可以控制有限的网络组件（如防火墙、负载均衡器等）。

8.1.5 主流的云计算厂商

1. 亚马逊

先发优势明显，体现规模效应。亚马逊从 2006 年开始推出 AWS，已经运营了十几年，积累了大量的技术和服务。此外，云计算是一个重资产行业，其边际成本随着规模的扩大而被稀释，因此与其他云计算巨头相比具有明显的优势。

亚马逊 AWS 是全球最早推出的云计算服务平台，面向全世界的用户提供云解决方案，包括弹性计算、存储、数据库、应用程序在内的一整套云计算服务，降低企业 IT 投入成本和维护成本。

“先下手为强”，亚马逊 AWS 投入早、运行时间长，目前仍是云计算领域的老大哥。在 AWS 计算领域中 Amazon Elastic Compute Cloud（Amazon EC2）是代表性产品，它是一种 Web 服务，可根据计算要求提供大小可调的计算容量。在存储服务中，Amazon S3 提供了一个简单的 Web 服务界面，用户可通过它随时在 Web 上存储和检索任意数量的数据。在数据库服务中，Amazon Relational Database Service（Amazon RDS）是一种可让用户在云中轻松设置、运维和扩展关系数据库的 Web 服务。此外在网络和内容分发、移动服务、开发人员工具、应用程序服务等领域，亚马逊 AWS 都有出色的产品。

2. 微软

Azure 与传统软件产品完美融合。微软大众云的优势在于强大的软件产品体系和企业用户的积累。微软拥有从操作系统到应用软件的全套软件产品，其对 Office365 的推广极大地推动了 Azure 的发展，是全球最大的企业软件开发商。

微软 Azure 是微软基于云计算的操作系统，最初名称是 Windows Azure，主要目标是为开发者提供一个平台，帮助开发可运行在云服务器、数据中心、Web 和 PC 上的应用程序。Azure 是一种灵活和支持互操作的平台，它可以被用来创建云中运行的应用或者通过基于云的特性来加强现有应用。该平台目前具备以下功能：网站、虚拟机、云服务、移动应用服务、大数据支持及媒体功能的支持。

在 Synergy Research Group 的调查统计中，微软 Azure 排第二，虽然没有亚马逊 AWS 的功能全面，微软 Azure 也形成了独特的优势。它支持大量开源应用程序、框架和语言，并且数量仍在增加；融合本地 IT 设施和公有云，是最适合混合 IT 环境的公有云平台；数据中心有多家主流运营商接入，网络访问性能有保证；数据和服务的安全性也是其一大优势。

2017 年 11 月 1 日，在北京举行的 2017 微软技术暨生态大会上，微软宣布在中国运营的 Microsoft Azure 的云计算规模将在未来 6 个月完成三倍扩容。11 月 27 日，微软与知名企业软件公司 SAP 宣布将合作进军云服务市场，以提高微软的云端业绩，尤其是 IaaS 服务。

3. 谷歌

在高性能计算和存储方面具有明显的技术优势，此外，谷歌大数据的应用服务比其竞争对手更加成熟。谷歌公司不是传统的 IT 厂商，而是新型的网络公司。基础架构和平台是谷歌云服务的两大竞争优势。谷歌云平台服务分为四大类。

（1）计算。谷歌计算引擎作为基础架构即服务（IaaS）；平台即服务有谷歌 App Engine；以及谷歌容器引擎，一套使用 Kubernetes 来达到集群管理和自动化的 Docker 容器镜像。

（2）存储。谷歌云存储。

（3）网络。谷歌云 DNS 和 Interconnect。

（4）数据库。Google Cloud SQL、Google Cloud Datastore 和 Google Cloud BigTable。

2017 年 9 月份谷歌云宣布收购 Bitium，Bitium 专注于为基于云的应用程序提供企业级身份管理和访问工具。这次收购能够帮助 Google 更好地管理企业云客户，包括为跨 Cloud 和 G Suite 产品的应用程序设置安全级别和访问策略。

4. 阿里云

阿里云创立于 2009 年，是亚洲最大的云计算平台和云计算服务提供商，和亚马逊 AWS、微软 Azure 共同构成了全球云计算市场第一阵营。公开信息显示，阿里云在全球 21 个区域部署了上百个数据中心，管理的服务器规模在百万台。阿里云凭借着自主研发的飞天云操作系统，占据了国内 50%左右的云计算市场份额，是国内云计算市场公认的领头羊和行业巨头。阿里云的服务群体中，活跃着淘宝、支付宝、12306、中石化、中国银行、中科院、中国联通、微博、知乎、锤子科技等一大批明星产品和公司。在天猫“双 11”全球狂欢节、12306 春运购票等极富挑战的应用场景中，阿里云保持着良好的运行纪录。

5. 腾讯云

腾讯云于 2013 年 9 月正式对外全面开放，腾讯云经过 QQ、QQ 空间、微信、腾讯游戏等业务的技术锤炼，从基础架构到精细化运营，从平台实力到生态能力建设，都得到了全面的发展，能够为企业和创业者提供集云计算、云数据、云运营于一体的云端服务体验。

腾讯云业务主要包括云计算基础服务、存储与网络、安全、数据库服务、人工智能、行业解决方案等。腾讯云凭借着在“社交、游戏”两大领域的庞大客户群和生态系统构建，具备了与阿里云一较高下的实力。

6. 华为云

华为云成立于 2011 年，专注于云计算中“公有云”领域的技术研究与生态拓展，致力于为用户提供一站式的云计算基础设施服务，是目前国内大型的公有云服务与解决方案提供商之一。

华为云，立足于互联网领域，依托华为公司雄厚的资本和强大的云计算研发实力，面向互联网增值服务运营商、大中小型企业、政府机构、科研院所等广大企业、事业单位的用户，提供包括“云主机、云托管、云存储”等基础云服务、“DDoS 高防 ADD、数据库安全、数据加密、Web 防火墙”等安全服务，以及“域名注册、云速建站、混合云灾备、智慧园区”等解决方案。

7. 百度云

百度云于 2015 年正式开放运营。百度云秉承“用科技力量推动社会创新”的愿景，不断将百度在云计算、大数据、人工智能的技术能力向社会输出。

相对于其他厂商，百度对“人工智能”和“边缘计算”这两块的投入相对较大，目前百度云提供的主要业务包括云计算、AI 人工智能、智能互联网、智能大数据等四大类。

8. 金山云

金山云，创立于 2012 年，是金山集团旗下的云计算企业。金山云现任董事长，就是小米创始人雷军。金山云已推出云服务器、云物理主机、关系型数据库、缓存、表格数据库、对象存储、负载均衡、虚拟私有网络、CDN、托管 Hadoop、云安全、云解析等在内的完整云产品，以及适用于游戏、视频、政务、医疗、教育等垂直行业的云服务解决方案。

9. 京东云

京东云是京东集团旗下的云计算综合服务提供商，依托京东集团在云计算、大数据、物联网和移动互联应用等多方面的长期业务实践和技术积淀，致力于打造社会化的云服务平台，向全社会提供安全、专业、稳定、便捷的云服务。

随着京东基础云、数据云两大产品线，京东电商云、物流云、产业云、智能云四大解决方案，以及华北、华东、华南三地数据中心的正式上线，京东云正式加入风生水起的云计算市场争夺中。

10. 浪潮云

浪潮云创立于 2015 年，面向政府机构和企业组织提供覆盖云计算基础产品、云安全、政府政务、企业应用、工业互联网、行业场景解决方案等在内的多种服务，致力于以云服务的方式，输出安全、可信的计算能力和数据处理能力。近年来，浪潮云的优势在于政府政务的“政务云”，根据 IDC 报告，浪潮云多年稳居中国“政务云”服务运营商的市场占有率第一。

8.2　物 联 网

8.2.1　物联网的概念

物联网（IoT，Internet of Things），即“万物相连的互联网”，是互联网基础上的延伸和扩展的网络，将各种信息传感设备与互联网结合起来而形成的一个巨大网络，实现在任何时间、任何地点，人、机、物的互联互通。

物联网是新一代信息技术的重要组成部分，IT 行业又叫泛互联，意指物物相连，万物万联。由此，可得出物联网就是物物相连的互联网。这有两层意思：第一，物联网的核心和基础仍然是互联网，是在互联网基础上的延伸和扩展的网络；第二，其用户端延伸和扩展到了任何物品与物品之间，进行信息交换和通信。因此，物联网的定义是通过射频识别、红外感应器、全球定位系统、激光扫描器等信息传感设备，按约定的协议，把任何物品与互联网相连接，进行信息交换和通信，以实现对物品的智能化识别、定位、跟踪、监控和管理的一种网络。“物联网”被称为继计算机、互联网之后，世界信息产业的第三次浪潮。

8.2.2　物联网的核心技术

从通用技术架构上来看，物联网可以分为如图 8-2 所示的 5 层：感知层、接入层、网络层、支撑层和应用层。各层的具体功能如下。

（1）感知层主要完成信息的收集与简单处理，部分学者将该层称为感知延伸层，该层由传统的 WSN、RFID 和执行器组成。

（2）接入层主要完成各类设备的网络接入，该层重点强调各类接入方式，比如 3G/4G、Mesh 网络、Wi-Fi、有线或者卫星等方式。

（3）网络层为原有的互联网、电信网或者电视网，主要完成信息的远距离传输等功能。

（4）支撑层又称中间件或者业务层，对下需要对网络资源进行认知，进而达到自适应传输的目的。本层完成信息的表达与处理，最终达到语义互操作和信息共享的目的。对上提供统一的接口与虚拟化支撑，虚拟化包括计算虚拟化和存储虚拟。

（5）应用层主要完成服务发现和服务呈现的工作，直接面向用户，满足各种应用需求。

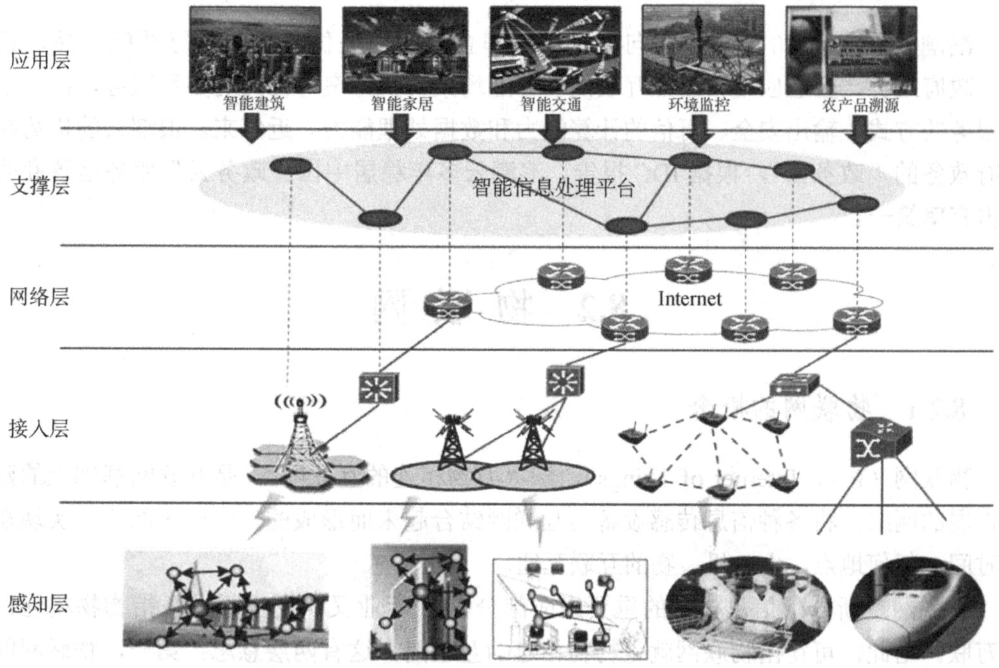

图 8-2　物联网的结构

8.2.3　物联网的特点

从网络的角度观察，物联网具有以下几个特点：在网络终端层面呈现联网终端规模化、感知识别普适化的特点，在通信层面呈现异构设备互联化的特点，在数据层面呈现管理处理智能化的特点，在应用层面呈现应用服务链条化的特点。

（1）联网终端规模化。物联网时代的一个重要特征是“物品触网”，每一件物品均具有通信功能，成为网络终端，据预测，未来 5～10 年内，联网终端的规模有望突破百亿大关。

（2）感知识别普适化。作为物联网的末梢，自动识别和传感网技术近些年来发展迅猛，应用广泛。仔细观察就会发现，人们的衣食住行都能折射出感知识别技术的发展。无所不在的感知与识别将物理世界信息化，对传统上分离的物理世界和信息世界实现高度融合。

（3）异构设备互联化。各种异构设备（不同型号和类别的 RFID 标签、传感器手机、笔记本电脑等）利用无线通信模块和标准通信协议，可以构建成自组织网络。在此基础上，运行不同协议的异构网络之间通过“网关”互联互通，实现网际间信息共享及融合。

（4）管理处理智能化。物联网将大规模数据高效、可靠地组织起来，为上层行业应用提供智能的支撑平台。数据存储、组织及检索成为行业应用的重要基础设施。与此同时，各种决策手段包括运筹学理论、机器学习、数据挖掘、专家系统等广泛应用于各行各业。

（5）应用服务链条化。链条化是物联网应用的重要特点，以工业生产为例，物联网技术覆盖原材料引进、生产调度、节能减排、仓储物流、产品销售、售后服务等各个环节，成为提高企业整体信息化程度的有效途径。更进一步，物联网技术在一个行业的应用也将带动相关上下游产业，最终为整个产业链服务。

8.3　人工智能

8.3.1　人工智能的概念

人工智能（Artificial Intelligence），英文缩写为 AI，它是研究、开发用于模拟、延伸和扩展人的智能的理论、方法、技术及应用系统的一门新的技术科学。

人工智能是计算机科学的一个分支，它企图了解智能的实质，并生产出一种新的能以人类智能相似的方式做出反应的智能机器，该领域的研究包括机器人、语言识别、图像识别、自然语言处理和专家系统等。人工智能从诞生以来，理论和技术日益成熟，应用领域也不断扩大，可以设想，未来人工智能带来的科技产品将会是人类智慧的“容器”。人工智能可以对人的意识、思维的信息过程进行模拟。人工智能不是人的智能，但能像人那样思考，也可能超过人的智能。

人工智能是一门极富挑战性的科学，从事这项工作的人必须懂得计算机知识、心理学和哲学等。人工智能是涵盖范围十分广泛的科学，它由不同的领域组成，如机器学习、计算机视觉等。总的说来，人工智能研究的一个主要目标是使机器能够胜任一些通常需要人类智能才能完成的复杂工作。

人工智能在 20 世纪 70 年代以来被称为世界三大尖端技术之一（空间技术、能源技术、人工智能），也被认为是 21 世纪三大尖端技术（基因工程、纳米科学、人工智能）之一。这是因为近 30 年来它获得了迅速的发展，在很多学科领域都获得了广泛应用，并取得了丰硕的成果，人工智能已逐步成为一个独立的分支，无论在理论和实践上都已自成一个系统。

8.3.2 人工智能的关键技术

1. 机器学习

机器学习（Machine Learning）是一门涉及统计学、系统辨识、逼近理论、神经网络、优化理论、计算机科学、脑科学等诸多领域的交叉学科，研究计算机怎样模拟或实现人类的学习行为，以获取新的知识或技能，重新组织已有的知识结构使之不断改善自身的性能，是人工智能技术的核心。基于数据的机器学习是现代智能技术中的重要方法之一，研究从观测数据（样本）出发寻找规律，利用这些规律对未来数据或无法观测的数据进行预测。根据学习模式、学习方法及算法的不同，机器学习存在不同的分类方法。根据学习模式将机器学习分类为监督学习、无监督学习和强化学习等。根据学习方法可以将机器学习分为传统机器学习和深度学习。

2. 知识图谱

知识图谱本质上是结构化的语义知识库，是一种由节点和边组成的图数据结构，以符号形式描述物理世界中的概念及其相互关系，其基本组成单位是“实体—关系—实体”三元组，以及实体及其相关属性——值对。不同实体之间通过关系相互联结，构成网状的知识结构。在知识图谱中，每个节点表示现实世界的“实体”，每条边为实体与实体之间的“关系”。通俗地讲，知识图谱就是把所有不同种类的信息连接在一起而得到的一个关系网络，提供了从“关系”的角度去分析问题的能力。

知识图谱可用于反欺诈、不一致性验证、组团欺诈等公共安全保障领域，需要用到异常分析、静态分析、动态分析等数据挖掘方法。特别地，知识图谱在搜索引擎、可视化展示和精准营销方面有很大的优势，已成为业界的热门工具。但是，知识图谱的发展还有很大的挑战，如数据的噪声问题，即数据本身有错误或者数据存在冗余。随着知识图谱应用的不断深入，还有一系列关键技术需要突破。

3. 自然语言处理

自然语言处理是计算机科学领域与人工智能领域中的一个重要方向，研究能实现人与计算机之间用自然语言进行有效通信的各种理论和方法，涉及的领域较多，主要包括机器翻译、机器阅读理解和问答系统等。

4. 人机交互

人机交互主要研究人和计算机之间的信息交换，主要包括人到计算机和计算机到人的两部分信息交换，是人工智能领域重要的外围技术。人机交互是与认知心理学、人机工程学、多媒体技术、虚拟现实技术等密切相关的综合学科。传统的人与计算机之间的信息交换主要依靠交互设备进行，主要包括键盘、鼠标、操纵杆、数据服装、眼动跟踪器、位置跟踪器、数据手套、压力笔等输入设备，以及打印机、绘图仪、显示器、头盔式显示器、音箱等输出设备。人机交互技术除了传统的基本交互和图形交互外，还包括语音交互、情感交互、体感交互及脑机交互等技术。

5. 计算机视觉

计算机视觉是使用计算机模仿人类视觉系统的科学，让计算机拥有类似人类提取、处理、理解和分析图像及图像序列的能力。自动驾驶、机器人、智能医疗等领域均需要通过计算机视觉技术从视觉信号中提取并处理信息。近年来随着深度学习的发展，预处理、特征提取与算法处理渐渐融合，形成端到端的人工智能算法技术。根据解决的问题，计算机视觉可分为计算成像学、图像理解、三维视觉、动态视觉和视频编解码五大类。

目前，计算机视觉技术发展迅速，已具备初步的产业规模。未来计算机视觉技术的发展主要面临以下挑战。

（1）如何在不同的应用领域和其他技术更好地结合，计算机视觉在解决某些问题时可以广泛利用大数据，已经逐渐成熟并且可以超过人类，而在某些问题上却无法达到很高的精度。

（2）如何降低计算机视觉算法的开发时间和人力成本，目前计算机视觉算法需要大量的数据与人工标注，需要较长的研发周期以达到应用领域所要求的精度与耗时。

（3）如何加快新型算法的设计开发，随着新的成像硬件与人工智能芯片的出现，针对不同芯片与数据采集设备的计算机视觉算法的设计与开发也是挑战之一。

6. 生物特征识别

生物特征识别技术是指通过个体生理特征或行为特征对个体身份进行识别认证的技术。从应用流程看，生物特征识别通常分为注册和识别两个阶段。注册阶段通过传感器对人体的生物表征信息进行采集，如利用图像传感器对指纹和人脸等光学信息、麦克风对说话声等声学信息进行采集，利用数据预处理及特征提取技术对采集的数据进行处理，得到相应的特征进行存储。

识别过程采用与注册过程一致的信息采集方式对待识别人，进行信息采集、数据预处理和特征提取，然后将提取的特征与存储的特征进行比对分析，完成识别。从应用任务看，生物特征识别一般分为辨认与确认两种任务，辨认是指从存储库中确定待识别人身份的过程，是一对多的问题；确认是指将待识别人信息与存储库中特定单人信息进行比对，确定身份的过程，是一对一的问题。

生物特征识别技术涉及的内容十分广泛，包括指纹、掌纹、人脸、虹膜、指静脉、声纹、步态等多种生物特征，其识别过程涉及图像处理、计算机视觉、语音识别、机器学习等多项技术。目前生物特征识别作为重要的智能化身份认证技术，在金融、公共安全、教育、交通等领域得到了广泛的应用。

7. VR/AR

虚拟现实（VR）/ 增强现实（AR）是以计算机为核心的新型视听技术，结合相关科学技术，在一定范围内生成与真实环境在视觉、听觉、触感等方面高度近似的数字化环境。用户借助必要的装备与数字化环境中的对象进行交互，相互影响，获得近似真实环境的感受和体验。该技术通过显示设备、跟踪定位设备、触力觉交互设备、数据获取设备、专用芯片等实现。

虚拟现实/增强现实从技术特征角度，按照不同处理阶段，可以分为获取与建模技术、分析与利用技术、交换与分发技术、展示与交互技术及技术标准与评价体系5个方面。获取与建模技术研究如何把物理世界或者人类的创意进行数字化和模型化，难点是三维物理世界的数字化和模型化技术；分析与利用技术重点研究对数字内容进行分析、理解、搜索和知识化方法，其难点在于内容的语义表示和分析；交换与分发技术主要强调各种网络环境下大规模的数字化内容流通、转换、集成和面向不同终端用户的个性化服务等，其核心是开放的内容交换和版权管理技术；展示与交互技术重点研究符合人类习惯数字内容的各种显示技术及交互方法，以期提高人对复杂信息的认知能力，其难点在于建立自然和谐的人机交互环境；技术标准与评价体系重点研究虚拟现实/增强现实基础资源、内容编目、信源编码等的规范标准及相应的评估技术。

8.4 大数据与云计算、物联网和人工智能的关系

物联网是大数据的基础，记录人、事、物及之间互动的数据；大数据是基于物联网的应用，是人工智能的基础；云计算，是计算、存储、通信工具，物联网、大数据和人工智能必须依托云计算的分布式处理、分布式数据库和云存储、虚拟化技术才能形成行业级应用；人工智能则是大数据的最理想应用，反哺物联网。

物联网、云计算、大数据、人工智能之间相辅相成（见图8-3），在这4个层次中，物联网在数据的采集层，云计算在承载层，大数据在挖掘层，人工智能则是在学习层，所以它们是层层递进的关系。通过物联网产生、收集海量的数据存储于云平台，再通过大数据分析，使人工智能提取有用的信息持续深度学习，最终促进物联网的发展，形成更加智能的物联网社会。

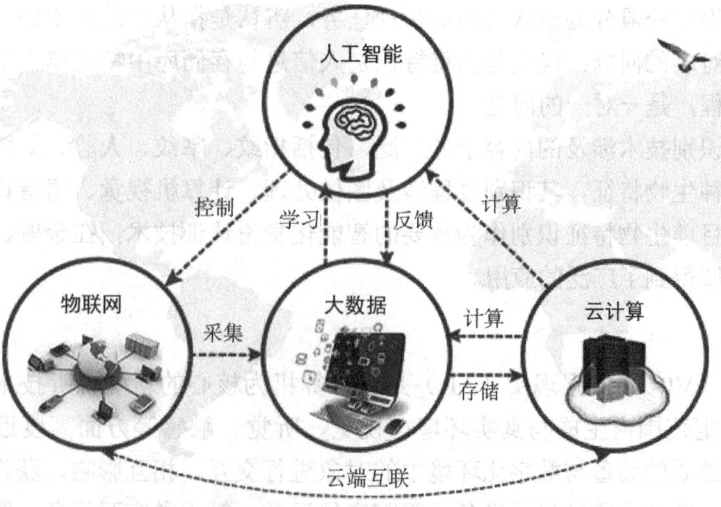

图8-3　大数据、云计算、物联网、人工智能的关系

从一个广义的人类智慧拟化的实体视角看，它们是一个整体：物联网是这个实体的眼睛、耳朵、鼻子和触觉；而大数据负责对这些触觉到的信息的汇集与存储；人工智能未来将是掌控这个实体的大脑；云计算则可以看作是在大脑的指挥下对大数据进行处理并应用。

第 9 章　大数据应用

大数据在社会治理、金融、交通、农业、企业治理和转型升级中都有广泛而深入的应用。数据是实现智能社会的基础资源。随着智能基础设施在城市、交通、社区、农业、企业生产线、物流等领域的应用，移动通信、可穿戴设备等智能应用端的使用，数据呈现规模化。而各种产业平台、数据应用平台、电商平台等又将数据进行了进一步的集成并应用，各种不同的数据汇聚、结合后又会产生奇妙的化学作用。通过不同行业的大数据碰撞，又会使数据进一步增值，实现数据的多样融合应用。

9.1　大数据与人工智能技术在新冠疫情防控中的应用

2019 年 12 月以来，由新型冠状病毒感染引起的肺炎疫情对全世界造成了巨大影响。随着世界范围内科学工作者对该病毒的深入研究，我们逐渐对其有了较多的认识。在此过程中，科学工作者应用人工智能、大数据分析等技术手段取得了阶段性胜利。国家工业和信息化部早在 2020 年 2 月就发布了倡议书，倡议人工智能相关学会、联盟、企事业单位充分发挥人工智能赋能效用，组织科研和生产力量以全力应对新型冠状病毒疫情。如何在这一关键时期利用大数据、人工智能等现代化治理手段打赢这场疫情防控战，直接关系到人民生命健康安全和国家经济社会稳定。本应用主要梳理了疫情暴发以来，大数据与人工智能技术在新冠疫情防控中的实际应用。

9.1.1　助力新型冠状病毒疫情防控的进展

数字信息时代，大数据和人工智能技术引领了现代信息科技的发展，对医学、生物学等众多领域带来了深远影响。针对 2019 年新型冠状病毒疫情，国家采取了相关疫情防控措施。

大数据、AI 助力新型冠状病毒基因组测序与分析。新型冠状病毒全基因组测序是研究病毒传染源、进化与变异、传播途径的基础，也是实现疾病诊断、宿主—病原关系研究、药物研制、疫苗研发的基础。国内各互联网企业、公司为病毒基因组测序与分析提供了服务、创造了条件。

目前研究结果表明，新型冠状病毒基因组序列较长，快速检测其基因组全貌极其困难。浙江省疾控中心借助 AI 算法开发的全基因组检测分析平台，将常规人工病毒基因组测序数小时的工作内容缩短至两小时完成，全基因分析流程也由数小时缩短到半小时，且可有效防止因病毒变异而产生的漏检。阿里巴巴集团为公共科研机构免费开放新型冠状病毒疫苗和新药研发所需的一切 AI 算力，以支持病毒基因测序、新药研发、蛋白筛选等工作。百度研究院同时也为各基因检测机构、防疫中心和全世界科学研究中心免费开放 AI 算法，提高了病毒 RNA 分析和空间结构预测速度。华为云服务与 AI 技术为实时机动的测序数据的上云传输和计算实验提供了保证。

对于此次病毒传染源的追溯是明确新型冠状病毒的传播机制、避免疫情反复的关键任务。科研学者积极推进利用深度学习方法推测病毒宿主的研究，基因组数据检测与分析对探索新型冠状病毒的源头具有基础性意义。通过大数据、人工智能技术代替人力完成基因测序与分析等工作，大大缩短了病毒检测与分析的时间，对寻找病毒发源地、研发疫苗药物等具有重要意义。

9.1.2　助力新型冠状病毒智能医疗诊断服务

医疗大数据、人工智能技术对临床诊断和远程医疗服务均发挥了重要作用。新型冠状病毒具有传播速度快、临床症状不典型、传染性强等特点。病毒核酸检测是此次 2019 新型冠状病毒重要的确诊手段，但新型冠状病毒特异性强，临床检测上易出现假阴性情况，使得病毒核酸检测在临床应用中遇到了难题。胸部 X 线检查的空间分辨率较好，但密度分辨率差，肺部病变漏诊率较高。HRCT（高分辨率 CT）检查简便快捷，CT 为断面影像，没有重叠，多平面、多方位显示病灶的细节，CT 早期、进展期、重症期与吸收期有不同的影像学表现且与临床病情紧密相关，能够早期发现病灶，是临床较好的确诊手段，现已被广泛应用于临床筛检病变和评估病灶范围。

2019 新型冠状病毒感染者在治疗过程中病灶变化快，短时间内需进行多次复查，产生大量影像，从而增加了临床医生诊断的工作量。推想科技针对 2019 新型冠状病毒研发的人工智能肺炎诊断系统，投入华中科技大学同济医学院附属同济医院临床应用，可全自动、快速、准确地为医生提供诊疗意见，提高诊断速度，减少患者院内等待时间，大大降低院内交叉感染的风险。依图医疗结合上海市公共卫生临床中心指导开发了 2019 新型冠状病毒智能影像评价系统，在上海市公共卫生临床中心投入使用。系统采用创新的人工智能全肺定量分析技术，为临床专家提供基于 CT 影像的智能化病灶定量分析、疗效评价等服务，提升了精准定量分析的效率，为临床医生决策提供更为准确的依据，助力疫情防控。华中科技大学与华为云等企业合作研发人工智能辅助医学影像量化分析服务，运用计算机视觉与医学影像分析等 AI 技术为临床医生提供 CT 量化结果，该服务使用华为自主研发的昇腾系列 AI 芯片，其强大的算力可实现单病例量化结果秒级输出，AI 辅助医生复核的总体效率是纯人工量化评估速度的数十倍。

武汉市火神山医院 5G 网络信号全面覆盖，首个“远程会诊平台”投入使用，远在北京的医疗专家通过视频在线问诊，医院配备有移动摄像头的医用推车，一定程度上实现云查房。火神山医院远程视频会议系统连接指挥会议室实现了远程指挥。医院还配备信息系统、影像存储传输系统，以保障患者入院治疗的所有数据均通过网络实时共享，极大地提高了诊疗效率。四川大学华西医院快速建立“华西项目化工作模式”，在已有智慧医疗的基础上充分发挥互联网、人工智能、大数据的优势，通过华西医院互联网平台开展疫情在线干预防控工作，避免人群聚集，快速整合院内资源，高效应对紧急疫情。

赋能基层医生，科大讯飞构建2019新型冠状病毒攻关团队帮助基层抵抗疫情，科大讯飞智医助理平台通过对感染肺炎的重点人群进行筛查、防控，分析病历继而筛查潜在高危患者，外呼平台的推出实现与民众的及时通信。百度应用软件也开通了“在线问医生”的服务，有效减轻基层医务工作者的负担。北京医学会开通“北京市新型冠状病毒感染肺炎在线医生咨询平台”，采用5G、人工智能等技术手段使市民在家便可获取预防、诊治等权威资料和专业指导，为民众提供高效、可靠的智能病情咨询和分析。

AI助力新型冠状病毒临床诊断，缓解了一线影像医生紧缺的现状，大大提升诊断的效率。远程诊断方式满足了疫情影响下基层百姓的医疗需求，医疗落后地区可获得高素质专家诊疗指导，保证会诊结果的高质量和权威性。

9.1.3 助力新型冠状病毒疫苗研发和药物筛选

传染性疾病由于其特殊性，如果不及时控制会造成大量人员感染。药物的使用、疫苗的研制则是人类与传染病做斗争、控制其传播的最有效武器。

腾讯云组建了应急工作小组，免费开放云超算等能力。百度为疾控机构、科研院所等单位提供技术支持，配套亿级计算资源，成立专项基金，联合大数据、人工智能技术支持抗击疫情的新药筛选和研发。阿里云与全球健康药物研发中心共同开发人工智能药物研发大数据平台，对以往冠状病毒有效的药物进行再探究，深入分析药物分子性质，对已有数据进行集成和挖掘，向科学界公开已有临床数据，为新型冠状病毒科学研究提供重要数据支撑。

新药研发过程漫长而复杂，包含新药筛选、药理分析、安全评价、临床反应等工作，而对已有药物的有效性筛选不失为一个高效、快速的手段。研究学者通过利用已有的分子库和数据库，筛选可能对新型冠状病毒有疗效的药物，目前多种老药新用的药物和试验性药物已经被鉴定出来并不断进行临床验证。大数据技术、人工智能技术为药物筛选创造了有利的条件，药物筛选成果不断，加速疫苗研发，在患者治疗、疾病预防上发挥了巨大作用。

9.1.4 助力抗疫资源的生产组织与调度

大数据的运用、人工智能设备如智能机器人的使用，优化了抗疫资源的组织调度，最大化资源利用率。

海尔公司开发了疫情医疗物资信息共享资源汇聚平台，实现抗疫资源精准对接。电商平台利用大数据+AI，进行2019新型冠状病毒防疫医疗物资如口罩、防护服、消毒液等的假冒产品销售和虚抬物价等行为的判断，利用智能优化，实现物资和人员的合理优化配置。胡卿汉等人针对2019新型冠状病毒防疫物资管理进行基于区块链架构下防疫紧急物资供应信息管理的研究，为定向捐赠与供给提出有效建议。

雷神山、火神山医院使用智能递送服务机器人，根据医院需求完成递送化验单、药物等工作；消毒机器人进行自行喷雾消毒、空气净化、紫外线消毒等工作；医用送餐机器人在隔离区提供免接触送餐服务，减少接触传染的可能性。多家人工智能企业研究推出具有功能多样的机器人，应用即时定位与地图构建技术、分布式调度技术，实现厘米级实时定位、最优路径规划和智能避障功能，确保机器人的智能性与机器人系统合作的高效性。测温巡逻机器人协助一线民警完成防控、排查任务；智能化配药机器人可实现操作人员不直接接触药物，调配过程由机器完成，避免药物交叉污染和空气污染；智能疫情机器人完成在线咨询、网络问诊、重点群体关怀等任务。大数据信息平台，提高了应急物资配置的调度效率。AI 机器人协助各部门防控疫情，有效减少直接接触，降低工作人员被感染的风险，提高了工作效率。

9.1.5　助力新型冠状病毒疫情溯源与监测预警

电信大数据对疫情溯源和监测具有重要意义。我国移动互联网的普及率高于全球平均水平，疫情期间新闻类软件和应用小程序动态更新各地区确诊病例人数、疑似病例人数、死亡人数、确诊病例出行轨迹与乘坐公共交通车次信息等最新数据，公众可根据本地区疫情变化情况及时加强自身防护，市区、乡镇有关部门基层组织者可及时调整政策措施。

国家电网电力公司开发大数据分析算法，对用电数据进行分析，根据用电量判断社区中是否有独居人群、居家隔离人群，从而进行针对性的帮助与服务。通过城市用电量数据了解复工情况，从宏观上掌握国家复工趋势，电力大数据对疫情的监测防控和政策的制定实施具有重要参考价值。

百度、腾讯等公司以 App 的方式精确到小区向公众发布确诊病例的详细位置及周边确诊病例数量，同时建立疫情期间城市热力图，细化到每一个县，避免人口过度密集。百度大数据通过基于移动终端的轨迹对确诊人群勾画关系图谱，进一步追踪接触者以进行隔离管理。高德地图则对旅途经过地的疫情情况、管理要求、路况及返程所需时间等进行列出，方便返程人员提前做好准备。工信部统筹三大电信运营商推出用户行程查询服务，用户通过扫码等方式证明无疫区行程，个人自证服务提高疫情管理效率，保证监控的准确性。

百度通过人工智能技术建立口罩人脸检测及分类模型，快速识别人脸是否佩戴口罩。AI 智能测温仪集人工智能和大数据技术于一身，采用 AI 测温仪的监控测量系统通过温感摄像头结合人脸识别、热成像体温检测等技术形成数据报表，系统自动启动预警机制。雷神山、火神山医院采用全自动红外热成像测温告警系统以监控医院人群的体温状况，智能监控管理设备实现对病患及周边环境的有效远程监控。智能测温、监控系统用于各类人员密集场所，减少监测人员的感染风险，大大提升检测效率。

支付宝为实现精准复工管理开发健康码模式，率先在杭州市实施市民和拟进入杭州人员的“绿码、红码、黄码”三色动态管理。健康码基于政府数字化管理体系、实名认证、大数据等产生，疫情期间领取绿色码的人员凭码通行，领取黄码和红码的人需自行隔离。支付宝又加速研发全国统一的健康码系统推向全国。健康码系统是大数据数字助力抗疫的又一体现，为精准疫情防控和复工复产提供了双重支撑。

较早地预测疫情暴发是降低传染病危险性最有效的方法。国内外，有很多公司和科研机构通过构建模型进行传染病疫情预测，大数据、人工智能机器学习算法是传染病疫情预测模型构建的关键技术方法。

政府、企业也积极构建疫情直报管理系统来防控传染病的暴发，中国疾病预防控制中心继 SARS 疫情之后建立了全球最大的传染病与突发公共卫生事件监测信息系统，即网络直报系统。系统覆盖全国，一旦出现传染性病例并在此系统上报告，中国疾病预防控制中心第一时间便能了解情况，立即派人进行流行病学调查、病人访查、采取样本等工作，快速发现疫情、防控疫情。

电信运营商、电力系统、卫生健康委员会、交通系统、工信部门的大数据结合数据分析模型、人工智能检测分类技术，有利于在公共卫生监测、疫情预警管理等方面提高疫情检测的灵敏度，快速指导公共卫生机构合理分配资源，协助政府开展疫情防控工作。

9.2 大数据用于非法集资预警

当前，互联网金融行业监管政策的趋严也给行业带来了许多挑战，如借贷限额、银行存管等硬性规定；同业竞争更加激烈，经营压力增大，使得一些公司被迫走向转型或退出行业，诸如消费返利、各种交易所等新兴金融形式不断有问题暴露。

近年来，非法集资案件频发。2015 年，以 e 租宝、泛亚为代表的重大案件涉案金额多达百亿元，波及人数上百万，涉及全国大部分省份；2017 年，钱宝网案暴发；2018 年 6 月份，先是唐小僧，后是联币金融，手法翻新的非法集资案件再次出现在公众视野。非法集资预警大数据平台如图 9-1 所示。

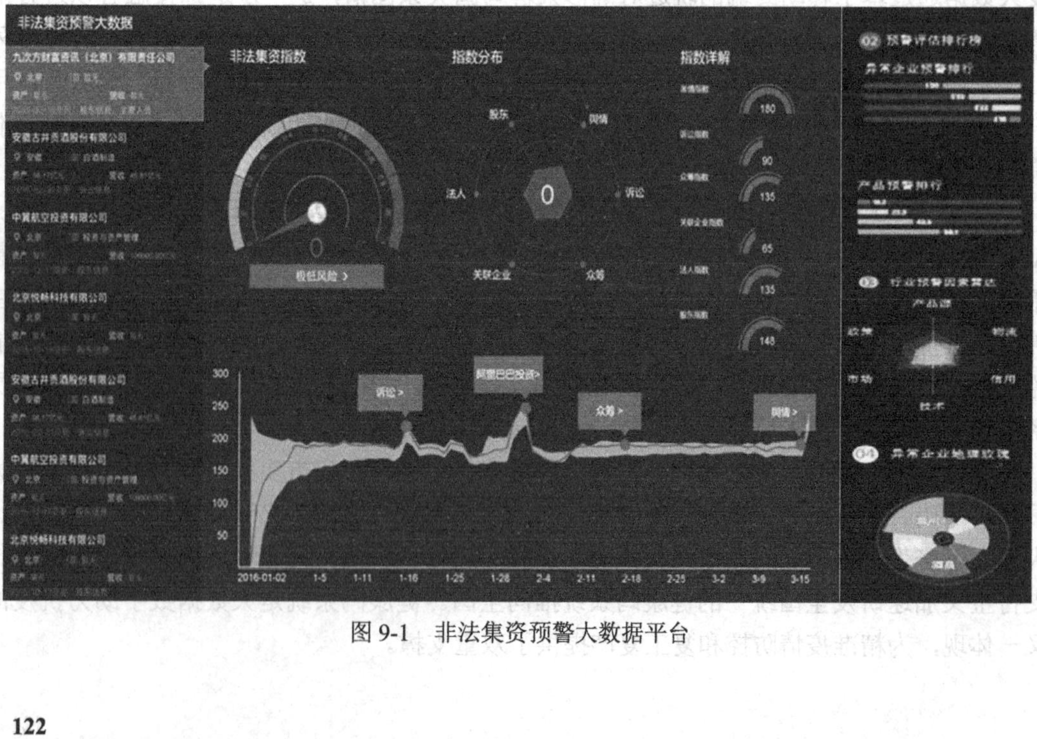

图 9-1 非法集资预警大数据平台

政府在打击非法集资犯罪中有“发现难、研判难、决策难、控制难、处置难”等问题。利用大数据、云计算、机器学习等技术手段，实现主动发现风险、评估风险、固化证据、判断趋势、及时干预和联合打击六大目标。推动地方金融治理由传统的被动监管、粗放监管、突发式应对向主动监管、精准监管和协同监管模式转变，切实维护金融秩序和社会稳定，以及人民群众财产安全。

9.2.1　挑战

金融领域的移动互联化和新型机构的不断涌现，导致现有监管架构已经不适应创新型金融监管的需要。当前形势下，防范互联网金融风险，规范互联网金融发展已相当紧迫。而防范和预警互联网金融领域的非法集资事件已成为监管部门打击非法集资活动中的难点。实现对非法集资的防范和预警需要对企业的非法集资行为进行研判和量化。有关非法集资的数据是广泛可用的，所缺乏的是非法集资监测数据的采集和从数据中提取知识的能力。

（1）跨网络、跨单位、跨平台的非集信息采集及汇聚困难。本应用需要整合内网、政务外网和专网的相关数据，因此采集和汇聚从技术角度有一定的难度。各单位数据孤立，没有统一有效整合及利用，而且不容易协调。

（2）跨网络、跨单位、跨平台数据的质量和数量难以保证。非集风险评估是一个跨领域和多数据来源的复杂问题，多方面的数据采集和多角度的特征分析是最终模型能够完成准确预警的重要保障，所以应用需要保障线下举报、线上数据采集、与其他政府部门和第三方机构数据对接的工作质量，确保有足够多、较高质量的数据进入后续的分析数据环节。

（3）非法集资风险的数据、分析、研判难以量化。在本应用中，需要建立量化的评估标准，针对采集、对接到的各种数据字段构建非法集资信息的量化评估模型，通过各种维度指标的综合加权，确定每个监管对象的综合风险指数，并且分级预警，以便在海量的非法信息中识别出影响力大、危害度高、老百姓痛恨、管理部门头疼的重点打击对象。

（4）非法集资风险涉及行业多，非法集资的风险点复杂。非法集资风险存在于众多领域，业务类型涵盖 P2P 借贷平台、小额贷款公司、股权投资机构、交易场所等各个新兴金融业态，而且不同行业的风险点各不相同，从业务角度分析起来比较困难。

9.2.2　实施过程/解决方案

大数据监测预警非法集资平台围绕金融领域大数据与监管业务，强化基于业务服务的大数据基础技术研究和应用适配，创新基于大数据技术增强监管能力的现代业务业应用模式，探索、培育和挖掘满足金融领域应用特征的新业态、新模式，支撑和促进经济社会发展。

同时，通过技术创新和模式创新，凝聚大数据处理领域的优势力量，研究大数据基础理论，攻克大数据采集、处理、挖掘分析和智能决策等系列化关键技术，研发面向金融监管部门的公共服务系统，以现代服务业新业态促进大数据形成核心竞争力，加速数据资源的开发和利用。

北京金信网银金融信息服务有限公司以推进互联网金融监管改革、更好地服务社会转型为核心，建设“大数据监测预警非法集资平台”，打通政府部门、企事业单位之间的数据壁垒，利用大数据分析手段，提升各级政府的社会治理能力。

1. 总体原理

大数据监测预警非法集资平台从海量的互联网信息中提取涉及非法集资的相关信息，大数据中心 7×24 小时对企业数据、政府数据新闻、舆情数据等进行动态监测。通过对大数据中心多个数据源的数据在内存式计算系统上进行分布式计算，经过数据清洗、数据集成、数据变换、数据规约等一系列预处理过程，把数据集合统一转换成可供分析的结构化数据。

大数据监测预警非法集资平台在综合利用上述跨部门数据资源的基础上，以大数据和云计算为技术支撑，利用机器学习和神经网络技术，从海量数据中筛选出与企业非法集资风险高度相关的几类指标，构建“冒烟指数”模型。“冒烟指数”分数越高，该企业的非法集资风险就越高。

大数据监测预警非法集资平台包括金融风险大数据管理系统和金融风险大数据分析挖掘系统，分别对数据进行管理和存储，对接其他政府部门的不同数据并对数据进行分析和挖掘。

非法集资分析模型子系统主要包含系统所需要的计算模型、主动发现模型、全面排查模型、网贷行业风险分析模型、投资理财风险分析模型、私募模型、预警模型等。监测预警子系统是通过数据采集和加工并通过模型计算后，最终通过量化指标“冒烟指数”来展示企业的风险，通过金融风险分析方法，构筑金融风险防控体系。

2. 金融风险分析大数据中心

金融风险分析大数据中心为大数据监测预警非法集资平台提供数据支撑，从海量的互联网信息中 7×24 小时不间断提取企业的非法集资相关信息，围绕非法集资的监测预警，建设金融风险大数据中心，每日数据量更新达 5000 万条。

舆情数据采集站点超过 2 万个，新闻数据 12.08 亿条，论坛 8.6 亿条，微博 163.1 亿条，微信公众号数据 2.96 亿条；工商数据覆盖 4500 万家企业和 1 亿家工商个体户；法院数据 15 亿条，采集站点超过 3800 个，覆盖 1000 万家涉诉企业；招聘数据覆盖主流招聘网站；投诉数据对接了“12345”热线、“打击非法集资”公众号、邮箱举报、“金融小卫士”等渠道举报数据；金融行业数据覆盖了网贷、私募、众筹、小额贷款公司、交易中心、融资租赁等行业。

此外，该大数据中心还采集了 ICP 备案数据，同时建立了一套非法集资高风险企业库。

3. “冒烟指数”分析模型

“冒烟指数”作为非法集资犯罪预警的系统性风险综合指数，其最初构想来源于“森林着火有冒烟的警示”，是衡量目标企业非法集资风险大小的指数，监测领域为从事金融类业务的企业。通过追踪目标企业的互联网行为、经营行为及对企业外围各类数据的研判等方式来揭示企业风险，如图 9-2 所示。

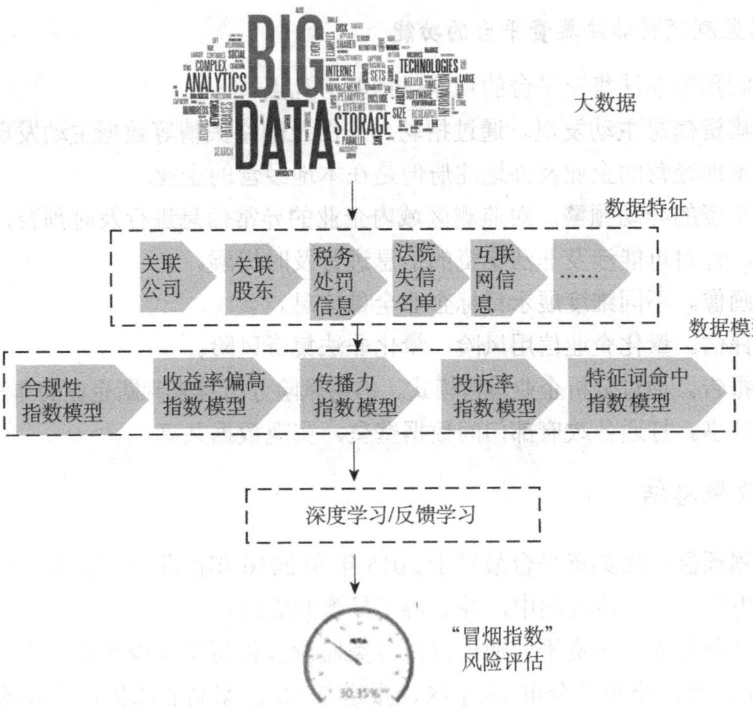

图 9-2　冒烟指数分析模型

“冒烟指数”分析模型是在利用金融风险分析大数据中心数据的基础上，以大数据和云计算为技术支撑，从海量数据中筛选出与企业非法集资风险高度相关的几类指标，构建针对五大领域 17 个行业的分析模型，主要从合规性指数、收益率偏离指数、投诉举报指数、传播力指数、特征词命中指数共 5 个维度的多项数据对监控对象计算分析，利用不同的机器学习方法，经过训练后建立起风险预警模型，最终得出的非法集资风险相关度指数即“冒烟指数”。

根据冒烟指数的得分来进行分级预警，分数越高，则该企业非法集资的风险就越高。如果指数为 80～100，则应向公安部门移交线索；指数为 60～80，则意味着其非法集资的风险非常高，需要重点关注、约谈整改；指数为 40～60，则需要监管部门重点监测、规劝改正。冒烟指数风险区划分及相应的差异性处理策略如表 9-1 所示。

表 9-1　冒烟指数风险区划分及相应的差异性处理策略

冒烟指数分值区	风险区划分	差异性处理策略
[80，100]	取缔类	移交线索
[60，80）	关注类	重点关注、约谈整改
[40，60）	整改类	重点监测、规劝改正
[20，40）	可疑类	持续监控
[0，20）	正常类	正常检测

4. 大数据监测预警非法集资平台的功能

大数据监测预警非法集资平台的功能包括如下几点。

（1）非法集资信息主动发现。通过招聘、地图及网络舆情等数据主动发现目标企业，包括本地注册本地经营的企业及外地注册但是在本地经营的企业.

（2）非法集资的异动预警。对监测区域内企业的异常信息进行及时预警，通过制定相应的应急规则，针对可能涉及非法集资的信息进行及时提醒。

（3）全息画像。不同维度展示目标企业全量信息。

（4）风险评估。量化企业信用风险、量化非法集资风险。

（5）分析报告。通过分析企业运营模式、信用风险分析等来判断企业的非法集资行为。

（6）数据共享。打通各政府部门间数据壁垒，实现数据共享。

9.2.3 效果总结

大数据监测预警非法集资平台最早于 2015 年和 2016 年由北京市金融工作局用到了北京市打击非法集资专项整治行动中，并取得了显著的成效。

大数据监测预警非法集资平台通过提供各类监测报告每年至少 500 余份，监测北京市各类企业 3000 多家，分布于全市 16 个区，报送了 50 余家高非法集资风险的企业，大大地提高了北京市金融局防范、处置、化解非法集资的工作效率，大大地降低了北京市非法集资的案发数量和非法集资案件的处置成本。大数据监测预警非法集资平台协助北京金融局排查了近 17 万家互联网金融机构的运营风险，为有关部门采取相应措施提供了有力依据。

9.3 大数据在大型活动安全预警中的应用

随着我国社会经济的发展、国际地位的提升，各地承办的大型活动数量日益增多，规模、规格也不断提升，公安机关作为处置突发事件、维护社会稳定的重要职能部门，在大型活动安保工作中承担着重要责任，同时也面临着巨大压力，迫切需要新技术、新手段的创新应用来解决不断增长的安全需求。

在此背景下，传统的基于单一视频监控的安保模式无法全面掌握城市运行安全趋势，不能解决大型活动安保中最为基础的全面感知问题。而随着大数据技术在各个行业领域的不断深化应用，社会企业、互联网企业，以及不同政府部门之间都已经积累了不同类型的安保相关数据资源，已具备整合形成安保大数据资源池，为发现、应对和处理重大安全事件提供数据支持的必要条件。因此，结合大型活动安保的实际业务需求，以更全面的感知、更准确的分析、更及时的处置、更广泛的联动为目标，设计和应用基于多源异构大数据的态势监控、安全预警、研判分析工具，形成体系完整的大型活动安全预警平台，成为符合当前技术阶段，并且在大型活动安保业务中具有广泛适应性的新的技术突破口。

9.3.1　问题分析

近年来公安机关已基本建成了较为完善的视频监控体系，并依托视频大数据技术进行了一定程度的分析应用，在打击违法犯罪和保障社会生活的有序进行上取得了积极的成效。但在实际情况中，新技术的应用多局限于特定应用场景，对大型活动安保这一综合型业务的支撑仍面临诸多问题。

1. 安保数据资源整合能力不足

现有安保应用模式注重对视频监控、公路卡口、电子围栏等采集数据，注重公安内部数据的资源整合，但对来自互联网运营企业、社会企业、政府其他部门的数据整合领域基本空白，安保相关的“人、车、事、物、地”数据采集并不完整，数据资源价值相对较低，支撑创新应用的数据基础不佳。

2. 多维安全态势监测能力不足

现有安保应用模式擅长异常事件发生型监测，但对安全态势的各维度应用较为粗浅，难以围绕人流、车流、交通、停车、住宿、天气、舆情等多维度大型活动安保业务场景，实现以态势监测为主线的全方位感知。

3. 多源融合安全预警能力不足

现有安保应用模式注重监测结果超过阈值时的安全预警，但尚未针对全局存在的多源异构数据进行有效的关联融合和深度挖掘，风险源点探知困难，安全预警的科学性、全局性、预知性相对较差。

4. 数据交互研判分析能力不足

现有安保应用模式缺乏可用的交互式研判分析工具，数据难以快速灵活地过滤、关联、合并、聚合、排序，并完成成果呈现，数据和知识间依然存在较大鸿沟。

9.3.2　总体架构

为解决上述问题，需要整合多源异构数据并进行标准化治理，运用 AI 智能算法和应用模型实现多源数据的融合与关联，最后对数据进行多维可视化和交互分析，完成源数据到业务应用的中间环节全打通。

平台采用 4 层架构，从下到上依次为数据源层、数据标准化层、算法模型层和业务应用层，如图 9-3 所示。

1. 数据源

在充分利用公安信息化建设中已有成果的基础上构建大数据计算平台，整合相关数据接口，利用统一封装的数据接入层实现政府数据、社会数据、互联网数据、物联网数据四大类数据资源的汇聚共享利用。对于政府数据和物联网数据以汇聚利用为主，对于社会数据和互联网数据以共享利用为主。

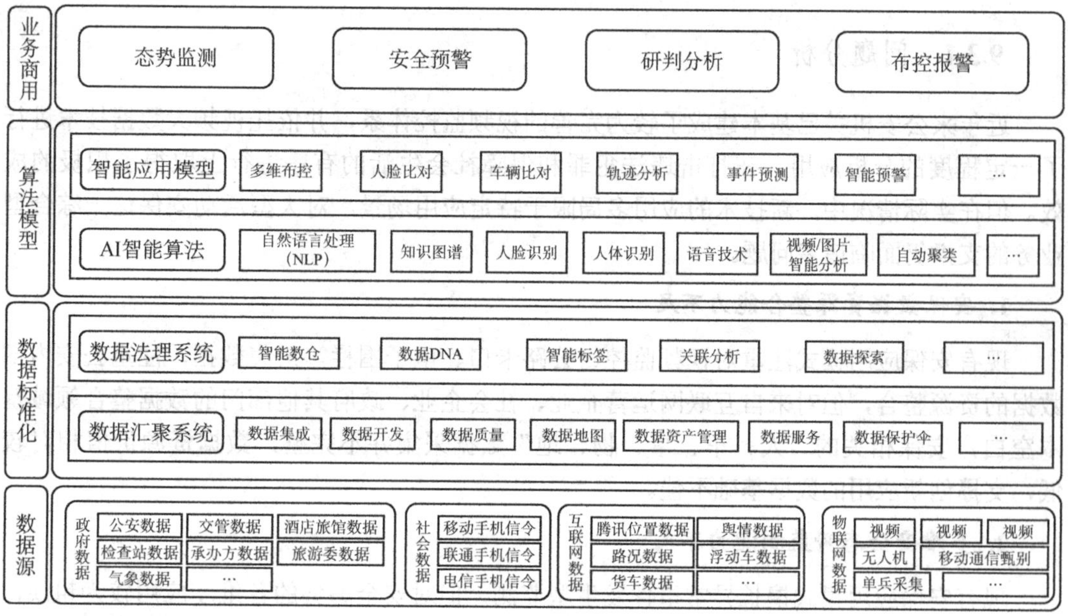

图 9-3　安全预警平台系统架构

政府数据包含以下几项。

（1）公安数据。其中有重点车辆、重点人员、在逃人员、重大案事件、110 及 122 警情、车辆档案等数据。

（2）交管数据。其中有过车数据、车辆布控报警数据、交通设施数据、交通事件数据、停车数据。

（3）酒店旅馆数据。其中有酒店基本信息、住宿汇总信息、实时住宿信息、酒店饱和度、预订情况等数据。

（4）检查站数据。其中有重点人、车、嫌疑物品等数据。

（5）活动承办方的活动票务数据。

（6）旅游委的景点票务数据。

（7）综合治理数据。其中有人、事、地、物、组织数据和“雪亮工程”视频相关数据。

（8）气象数据。

社会数据主要指移动运营商的手机信令数据。

互联网数据包含腾讯位置数据、舆情数据、路况数据、浮动车数据、货车数据等。

物联网数据包含视频、卡口、人脸、无人机、移动通信甄别、单兵采集等数据。

2. 数据标准化

通过数据汇聚系统、数据治理系统对数据进行重新定义和封装，将数据转化为一种系统易于理解和处理的形式。主要处理方法包括数据集成、数据开发、数据质量、数据地图、数据资产管理、数据服务、数据保护伞、智能数仓、数据 DNA、智能标签、关联分析、数据探索等。

3. 算法模型

通过多种 AI 处理算法和智能应用模型支撑不同的应用场景，增强系统的健壮性和可扩展性，包括自然语言处理（NLP）、知识图谱、人体识别、人脸识别、语音技术、视频/图片智能分析、自动聚类等算法和多维布控、人脸比对、车辆比对、轨迹分析、事件预测、智能预警等模型。

9.3.3 核心技术

多源异构数据一体化融合以数据为基础，以全链路加工为核心，提供数据汇聚、研发、治理、分析、存储、服务等多种功能，通过大数据资源中心形态在满足平台用户数据需求的同时，为上层应用提供多种类型的数据服务，如图 9-4 所示。

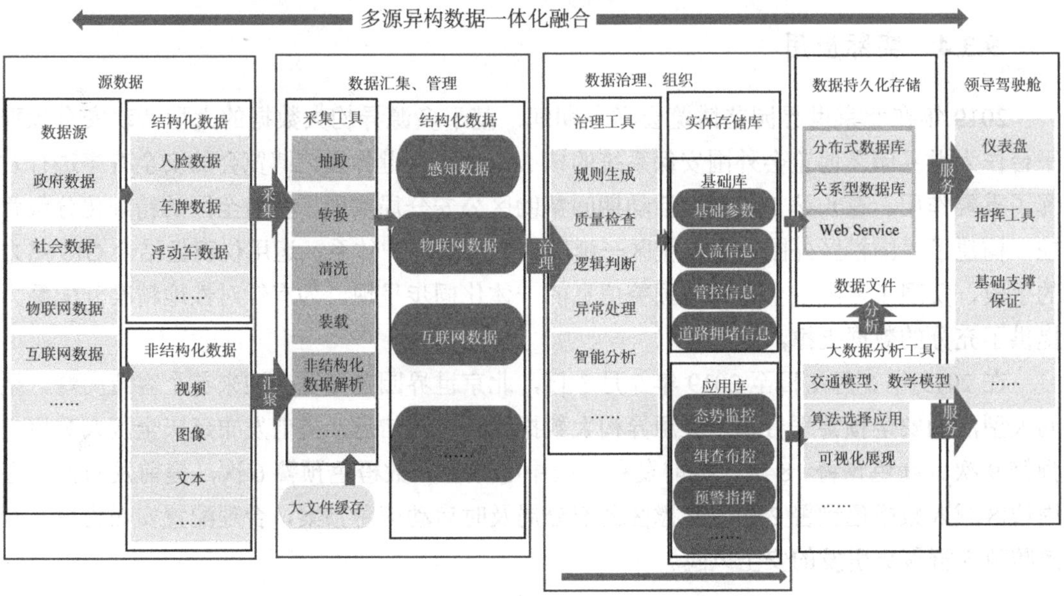

图 9-4　多源异构数据一体化融合

源数据接入方面提供了复杂网络环境下多源异构数据的结构化、非结构化分类接入工具，支持完善的数据接入配置、任务运行监控、数据对账，有效保障数据接入的稳定和可控。

数据汇聚方面在源数据库统一监控、数据资源统一清点的基础上，提供了抽取、转换、清洗、加载、非结构化数据解析、大文件缓存等数据集成工具，可对关系型数据库、NoSQL 数据库、大数据数据库、文本存储（FTP）等异构数据源进行批量、全量、增量的数据同步与结构化集成。

数据管理方面将数据结构化集成结果进行数据落地，完成感知、物联网、互联网等一系列结构化数据的操作型数据存储（ODS）。

数据治理方面提供面向操作型数据存储（ODS）的规则生成、质量检查、逻辑判断、异常处理、智能分析等工具，将分散、多样化的核心主数据进行标准化建立、质量清洗，同时对审核、监控等操作进行优化，形成完善的数据管控体系。

数据组织方面在数据治理的基础上建立基础、应用两类实体存储库，分别对基础参数、人流信息、管控信息、道路拥堵信息等基础数据和态势监控、缉查布控、预警指挥等应用数据进行存储。

大数据分析方面综合运用数据仓库主题数据层（DWS）和操作型数据存储（ODS）的数据资源对交通模型、数学模型、算法选择应用、可视化展现等算法模型进行加工，并将结果数据以数据 API 形式进行封装。

数据存储方面将数据仓库主题数据层（DWS）的数据资源和大数据分析结果数据进行面向业务的高度汇总，形成应用数据集市（ADM），通过分布式数据库、关系型数据库、Web Service、数据文件等形式进行持久性存储。

9.3.4 实际应用

2019 年在北京世界园艺博览会举办期间，基于多源异构大数据的大型活动安全预警平台作为世界园艺博览会外围安保系统的核心组件，为世界园艺博览会的安全有序进行发挥了重要作用。在长达 164 天的活动期间帮助区公安分局实现了覆盖全区的精细化分级管控，构建了“围栏区外围—中心城区—延庆区”三级防护体系，运用仪表盘结合 GIS 热力的手段，实现了多维安全态势与预警信息的一体化同步呈现，为有针对性地精准分配警力提供了充分的数据支撑。

在 2019 年 5 月 1 日至 2019 年 5 月 3 日，北京世界园艺博览会迎来首个客流高峰。期间大型活动安全预警平台基于多源异构大数据预判客流信息，提前发布延庆全区人数橙色预警 9 次、红色预警 18 次，提前发布延庆中心城区人数橙色预警 6 次，提前发布世园会周边区域人数橙色预警 2 次，支撑区公安分局及时启动应急预案，合理配置安保力量，有效防范人群聚集引发的安全风险。

9.4 “智慧法院”数据融合分析与集成应用

下面针对“智慧法院”建设中存在的共性问题和实际需求，介绍“智慧法院”数据融合分析及集成应用示范平台的架构。从司法大数据深度语义学习、基于知识图谱的司法数据融合、司法数据安全防护与隐私保护及司法数据融合分析的可视化 4 个方面，探讨“智慧法院”建设中共性关键技术的研究思路和实现路径。最后，以证据抽取、犯罪行为链构建和法律条文推荐为例，展现了数据融合分析及集成应用示范平台的应用效果。

9.4.1 应用背景

2016 年，《国家信息化发展战略纲要》将建设“智慧法院”列入国家信息化发展的战略中。同年，《“十三五”国家信息化规划》中明确指出：支持“智慧法院”建设，推行电子诉讼，建设完善公正司法信息化工程；提高案件受理、审判、执行、监督等各环节的信息化水平；推动执法司法信息公开，促进司法公平正义。目前，各级人民法院以“智慧法院”建设为依托，加快推进人民法院信息化建设，取得了重大进展：各级法院都在积极推动互联网、物联网、大数据、人工智能与法院工作的深度融合，围绕“智慧法院”的业务办理、信息检索、文书审阅、案件预测、智能咨询等信息化应用，不断地进行探索和实践；各级法院的全业务网上办理的网络化格局基本形成；利用互联网推动全流程依法公开的阳光化目标基本实现。这些进展为人民法院的智能化建设打下了坚实基础。

在此过程中，以大数据和人工智能技术为支撑的“智慧法院”系统不断发展，有效推动了司法领域的智能化实践。例如，以人工智能为基础的庭审语音转文字、裁判文书或起诉书的自动生成、法律文件辅助审阅、裁判文书证据材料自动抽取等，为“智慧法院”的审判质量评估、精准分案、自动量刑和辅助审判等应用需求提供了核心技术支撑。基于大数据和人工智能的辅助办案可以显著提高法院办案的工作效率，一方面可以帮助当事人形成最佳的诉讼策略，节约诉讼成本；另一方面，可以帮助法官实现同案同判，确保判决一致性，增强司法公信力，确保司法公平正义。此外，法院通过人工智能客服机器人，可以为公众提供在线的实时法律咨询服务。然而，“智慧法院”建设涉及的数据来源广泛、结构复杂、动态实时，法院数据在对数据进行有效利用的过程中急需解决以下问题。

（1）数据来源和存储结构的多样性造成了部门内部或体系内部的“数据孤岛”。

（2）数据具有鲜明的领域性和专业性，数据特征隐藏较深，导致数据挖掘分析性能较差。

（3）由于数据的多源异构性，司法知识体系难以构建。

（4）数据涉及面广、敏感度高，导致数据安全保障和隐私保护问题迫切。

本应用案例探索了司法领域数据的融合分析和集成应用方法，目标是通过整合法院现有的审判数据、业务数据及人员数据等，提升法院审判过程的智能化水平，实现法院的自动分案、人案关联分析、审判态势数据智能统计与分析等业务需求。本应用案例分析了“智慧法院”在司法数据融合、数据安全与隐私保护、数据可视化方面的研究现状，针对“智慧法院”建设中存在的实际问题，给出司法大数据深度语义学习方法、基于知识图谱的司法数据融合方法、司法数据安全防护与隐私保护以及数据融合分析的可视化应用示范的研究思路和技术路线；并以证据抽取、犯罪行为链构建和法律条文推荐为例，阐述了方法实际应用中的有效性，为审判工作的智能化、精细化提供了有效的支撑。

9.4.2　“智慧法院”数据融合分析及集成应用示范平台架构

“智慧法院”数据融合分析及集成应用示范平台架构如图 9-5 所示。以贵州省高级人民法院为例，通过分析其在“智慧法院”建设过程中存在的实际问题和对智慧办案、智慧办公、智慧运维、智慧监督的需求，重点研究“司法大数据深度语义学习”“基于知识图谱的司法数据融合”“司法数据安全防护与隐私保护”和“司法数据融合分析的可视化”四块内容。为贵州省高级人民法院面向“数字法官—金字团队—智慧法院”的司法大数据应用提供理论依据和技术支撑。

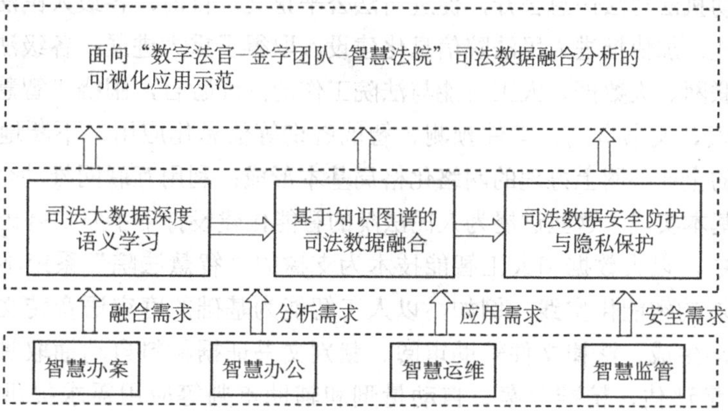

图 9-5 "智慧法院"数据融合分析及集成应用示范平台架构

1. 司法大数据深度语义学习

司法数据包含各种结构化和半结构化数据。司法数据中的各类文档因撰写格式、使用措辞、时间、法院，甚至法官和团队的不同而存在很大差异。这种差异会导致相似案件的裁判文书在表达方式上存在明显的区别。大量的案件信息隐藏在非结构化的办案文件中，例如，裁判文书中的案情特征对法条推荐结果、案件审判结果有显著影响；涉及具体的案件审判时，裁判文书中的案情特征的顺序可能直接影响案件的审判结果；相同特征的案件，由于案情特征序列的不同也可能导致审判结果的不同。司法数据融合分析的目标是有效地挖掘法院多源异构数据中的隐含知识，以支撑法院的数据应用。为了支撑"智慧法院"司法数据的融合应用，应重点研究针对司法数据的深度语义学习方法。通过深度学习模型，挖掘文本中的语义信息，识别其中的案件知识要素，从而有效地解决数据融合过程中的语义理解问题。

2. 基于知识图谱的司法数据融合

在司法数据深度语义分析的基础上，构建"智慧法院"数据知识图谱，融合司法数据中的案件要素，并研究案情的演化分析方法。司法数据多元化、深度化、层次化的特点导致案件的演化分析和案件知识的转化非常困难。针对这些特点，采用了基于知识图谱的司法数据融合方法。在知识图谱构建的过程中，需要研究不同粒度实体的提取方法，然后识别实体之间的关联关系。在实体识别和关系识别的基础上，构建"智慧法院"应用中的司法大数据知识图谱。在融合与分析的过程中，各类算法需要具备良好的可扩展性和实时性，满足系统平台对知识图谱的实时检索、快速更新处理的需求。在应用过程中，应通过深入分析多层次知识图谱的演化性质，支撑法院审判工作中的案情演化分析。

3. 司法数据安全防护与隐私保护

"智慧法院"信息化系统中积累了大量的司法敏感数据和个人隐私数据。数据安全防护和个人隐私保护是“智慧法院”建设与应用的关键基础，也是数据融合分析的核心需求。在数据融合过程中，需要精确定位案件数据中敏感数据的位置和安全需求等级，设计针对司法敏感数据的访问控制、数据传输安全、数据访问接入安全认证、个人隐私数据自动化识别、隐私度量等防护方案；通过数字签名、访问控制、对称加密、Hash 算法等数据安全防护中常用的方案，结合差分隐私、隐私量化、匿名技术、泛化技术等隐私保护技术，构建司法领域的数据安全和隐私保护体系，实现多源数据融合过程中的数据安全防护与隐私保护。

4. 司法数据融合分析的可视化

针对贵州省高级人民法院建设“数字法官—金子团队—智慧法院”示范应用的需求，借助深度语义分析、特征画像、法院知识图谱构建和可视化等关键技术，实现从“法官”到“团队”再到“法院”的可视化展示及全方位评价，从而支撑“精准分案”和“智能化推荐”等应用，提高司法审判的效率和质量，促进专业化审判团队的发展。

9.4.3 共性关键技术

为了支撑“智慧法院”建设中的数据融合分析与集成应用研究，秦永彬等提出了基于深度神经网络边界组合实体识别方法、多通道实体关系识别方法、证据识别方法、犯罪行为识别方法和句法要素识别方法；构建了以犯罪行为为中心的知识图谱，有效支撑了审判质量评估、精准分案和自动量刑等具体应用需求。相关研究内容为“智慧法院”数据融合分析及集成应用示范提供了理论依据和技术支持，其中涉及的共性技术和研究思路，具体如下。

1. 司法数据的特征表示技术

传统司法数据的特征表示主要采用向量空间模型，该模型把文档空间映射到一个测度空间，文档的相似度对应测度空间中文档向量的距离。法院各类文书的异质性（如产生的时间不同、法院不同、法官不同等）使得传统的向量空间模型容易产生高维的稀疏特征，不利于针对司法文档的语义分析。为此，人们研究了一种能够处理异质数据的特征抽取与自适应匹配的方法，即深度语义特征提取技术。该方法利用深度学习方法挖掘司法大数据中的深度语义特征，可以有效支撑司法数据知识图谱中的案件要素抽取。其技术路线如图 9-6 所示。深度语义特征提取技术的研究思路如下。

（1）语义结构空间生成。利用神经网络把浅层特征映射到一个深度语义空间，利用特征组合产生潜在的语义结构空间，提高数据可分性。

（2）语义结构排序。通过计算候选语义结构和目标语义结构的距离，进行排序。

（3）特征选择。根据句子的结构信息和语法功能，利用先验知识操作划分后的特征集合。

（4）特征画像。针对法院的各知识要素，建立实体的特征体系，建设特征实体算法库，实现准确、高效的法院大数据的实体画像拓扑集。

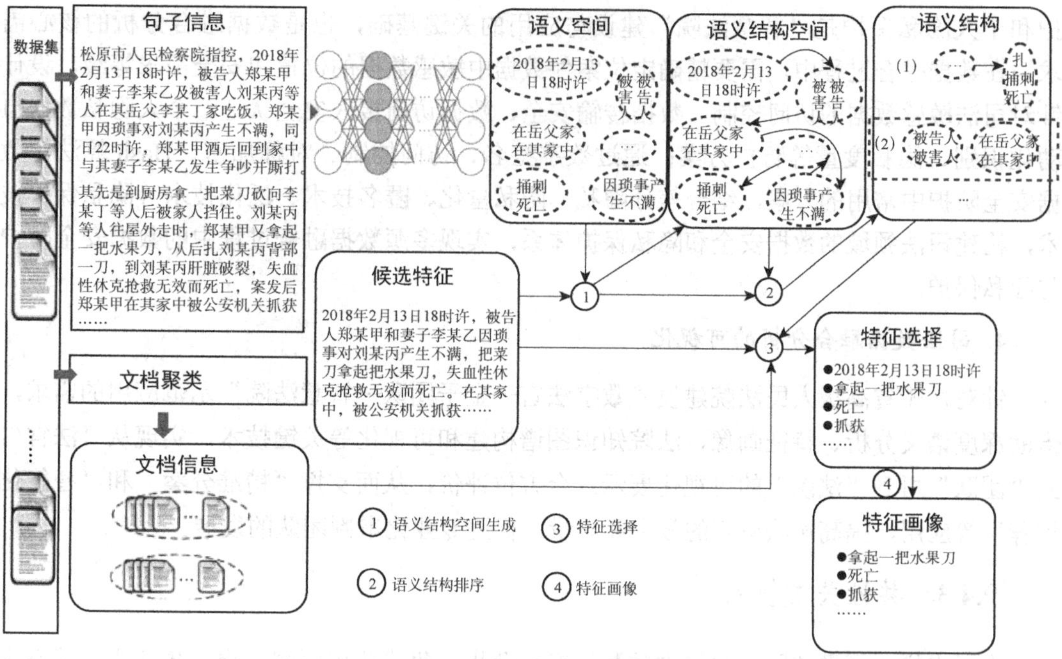

图 9-6　深度语义特征提取技术路线

2. 基于知识图谱的司法数据融合技术

基于知识图谱的司法数据融合技术实现过程共分 6 个步骤，如图 9-7 所示。第一步，实体消歧。在实体特征画像的基础上，对相似实体进行合并和消歧。第二步，实体知识图谱构建。识别实体的关联关系，建立表述实体间关系的知识图谱。第三步，多粒度知识发现。基于同类实体之间的强关联关系，合并同类实体，构建多粒度实体。第四步，多层次知识图谱构建。挖掘多粒度实体之间的关联关系，构建多层次知识图谱。第五步，知识进化学习。利用时间特征，针对实体进行特征的演变识别，利用动态数据的进化算法进行知识进化学习。第六步，案情演化分析。利用知识图谱的链接预测方法，衡量实体间的全局和局部相似度，推断实体与实体间的间接关系。

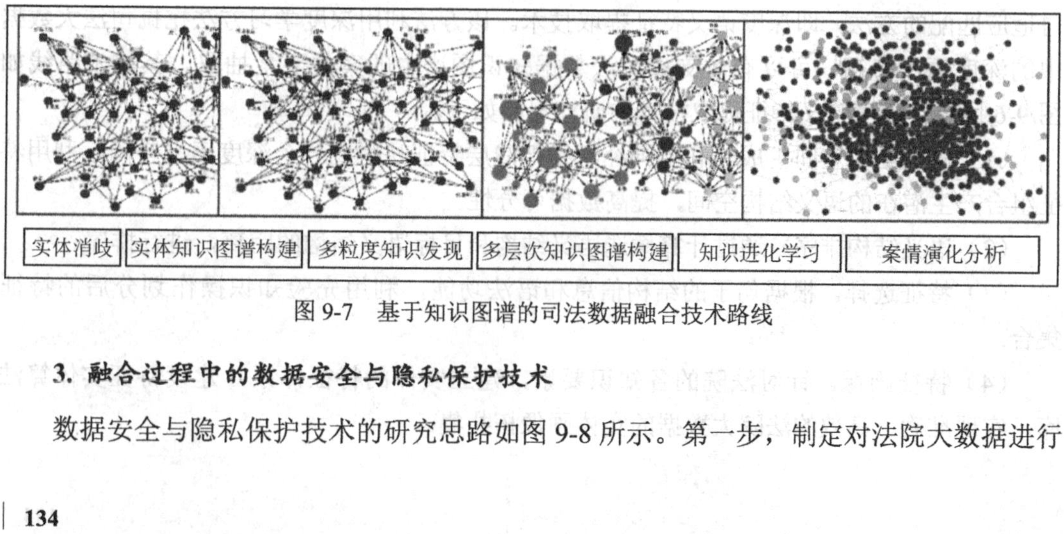

图 9-7　基于知识图谱的司法数据融合技术路线

3. 融合过程中的数据安全与隐私保护技术

数据安全与隐私保护技术的研究思路如图 9-8 所示。第一步，制定对法院大数据进行数据安全和隐私保护数据的分级、分类标示方法。第二步，在数据安全防护中采用数字签名、对称加密、Hash 算法等技术，在隐私保护中采用隐私风险控制、隐私量化、匿名技术、泛化技术等。第三步，根据数据安全标示确定数据的安全访问权限，确定数据脱敏方法，并进行数据的并行脱敏处理。第四步，根据多源异构数据的索引结构和过滤算法，建设脱敏后数据的索引方法。

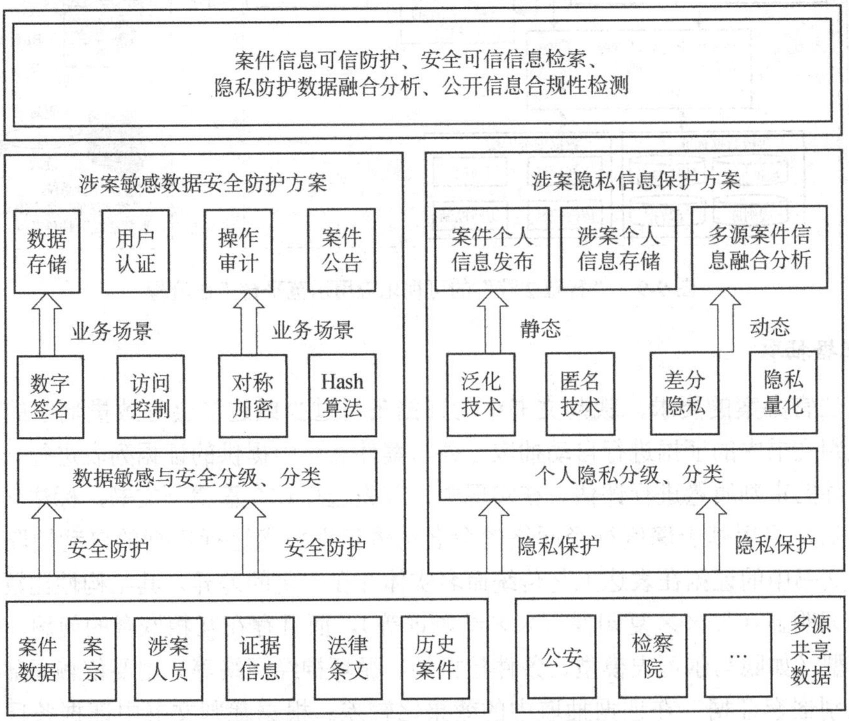

图 9-8 数据安全与隐私保护技术路线

4. “智慧法院”的可视化应用示范

“智慧法院”的可视化应用示范平台的工作流程如图 9-9 所示。第一，通过法院数据融合与分析平台进行集成数据标准管理，通过特征管理系统建立实体特征体系。第二，通过数据抽取、转换、加载（ETL）和应用程序编程接口（API），实现法院内部数据与外部数据的实时与批量导入，并进行初步的数据整合。第三，利用基于知识图谱的分析技术、实体特征体系、集成数据标准进行数据融合与分析。第四，将分析后的数据导入基于搜索引擎（Elasticsearch，ES）、图库的检索系统，通过统一的数据服务接口对外提供数据服务。第五，法院数据可视化与服务支撑平台、法院数据融合与分析平台进行数据的分发与回写。

9.4.4 应用案例

以证据抽取、犯罪行为链构建和法律条文推荐为例，介绍“智慧法院”的数据融合分析与集成应用的研究进展和应用效果。

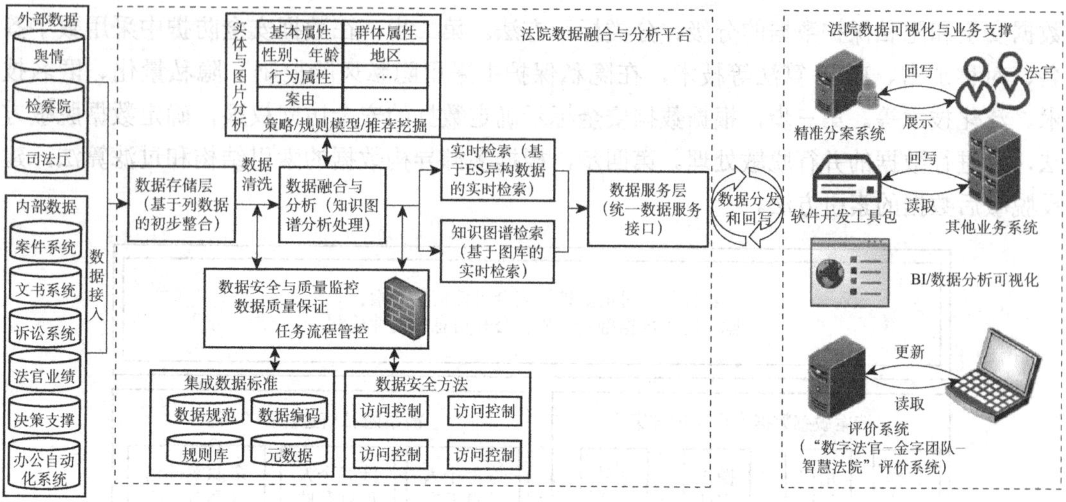

图 9-9　“智慧法院”的可视化应用示范平台工作流程

1. 证据抽取

根据法官办案的要求，裁判文书中的证据条目过少或过多会导致量刑中的轻判或重判。对裁判文书中的证据进行自动抽取，并与案件卷宗中提供的证据列表进行一一对比，可以对案件的审判质量进行评估。在实现中，首先选择650篇裁判文书，标注其中的证据部分。然后，采用基于深度神经网络的命名实体识别技术进行证据的自动抽取。研究发现，裁判文书中的证据在表达上与传统命名实体存在一定的差异，其结构性比较强、字数多、中心词明显（如××复印件、××结婚证等），而且存在互相嵌套的问题。传统的序列标注模型（如隐马尔可夫模型、条件随机场、循环神经网络等）主要依赖局部特征，不能有效识别嵌套证据，在证据抽取中的效果比较差。根据裁判文书中证据条目的文本特点，秦永彬等提出了基于神经网络的边界组合证据抽取模型。该方法首先利用循环神经网络模型（Bi-LSTM-CRF）识别证据的边界（如边界的开始、边界的结束），然后通过组合证据的边界产生证据候选词，再根据证据候选词的上下文特征，采用卷积神经网络（Convolutional Neural Network，CNN）识别出其中的正确证据。与直接使用Bi-LSTM-CRF模型的方法相比，该方法能够在性能上提升10%以上的F值。

2. 犯罪行为链构建

在法院具体的案件审判工作中，需要对案件的案情进行分析。裁判文书中的案情描述和预测案件涉及的相关法条、罪名等信息对辅助法官办案有重要的作用。在传统的审判辅助工作中，司法人员主要采用案件的文本特征进行法条、量刑、案由识别。在这种情况下，通常不考虑案情要素之间的顺序关系。在实际应用中，案件要素之间的时间序列、行为序列会直接影响最终的审判结果。对于相同案件要素的案件，案情要素序列的不同会导致审判结果的不同。比如，“强奸杀人”和“杀人辱尸”，犯罪行为的顺序不同会导致判决结果的差异。针对这一问题，在知识图谱构建中，通过对案情行为序列关键词进行提取，建立与之对应的犯罪“行为链”，展现案情的主要情况、时序关系和发展趋势，“行为链”

以“行为词”为中心，围绕“行为词”提取关键案情要素特征，通过行为序列构建行为词与其他以“行为”为中心的特征词之间的关联关系，进而构建以“犯罪行为”为中心的司法数据间的内在关联和知识体系。如此，可以借助犯罪“行为链”实现对案情语义的深层分析。

3. 法律条文推荐

传统的法律条文推荐主要依靠法律文本中的案情特征进行预测。这种情况无法考虑裁判文书中案情要素的时间特征。在裁判文书分析中，案件要素的时间特征对审判结果会有较大的影响。为了有效地利用案件要素的时间信息提升法律条文预测的性能、辅助法官办案，可以利用案情的事实描述和犯罪行为序列预测案件涉及的相关法律条文，从而验证基于犯罪行为序列的法律条文预测的有效性。在实现上，利用 TextCNN 模型对裁判文书中案情描述部分的信息进行处理，获得文本中的语义信息。由于卷积神经网络模型不能有效地获取文本中案情要素之间的语义依赖关系，采用 BiLSTM 模型对文本中抽取的犯罪行为过程进行建模，获取裁判文书中案情要素之间的时间特征，然后与 TextCNN 模型的输出进行拼接，最后通过全连接层和 Softmax 函数得到法律条文的预测结果。与直接采用 TextCNN 的方法相比，该模型在法律条文的推荐上能提升 6%的 F 值。

参考文献

[1] 毕然. 大数据分析的道与术[M]. 北京：电子工业出版社，2016.

[2] 丁磊. AI 思维：从数据中创造价值的炼金术[M]. 北京：中信出版社，2020.

[3] 马继华. 大数据思维——从掷骰子到纸牌屋[M]. 北京：电子工业出版社，2016.

[4] 陈海滢，郭佳肃. 大数据应用启示录[M]. 北京：机械工业出版社，2017.

[5] 吴军. 数学之美[M]. 北京：人民邮电出版社，2013.

[6] 王汉生. 数据思维：从数据分析到商业价值[M]. 北京：中国人民大学出版社，2017.

[7] 马世权. 乐见数据：商业数据可视化思维[M]. 北京：人民邮电出版社，2020.

[8] 冯登国，等. 大数据安全与隐私保护[M]. 北京：清华大学出版社，2018.

[9] 赵卫东，董亮. 机器学习[M]. 北京：人民邮电出版社，2018.

[10] 杨尊琦. 大数据导论[M]. 北京：机械工业出版社，2018.

[11] 唐亘. 精通数据科学：从线性回归到深度学习[M]. 北京：人民邮电出版社，2018.

[12] 刘汝焯，戴佳筑，何玉洁. 大数据应用分析技术与方法[M]. 北京：清华大学出版社，2017.

[13] 娄岩. 大数据技术与应用[M]. 北京：清华大学出版社，2016.

[14] 维克托•迈尔-舍恩伯格，肯尼思•库克耶著. 大数据时代生活、工作与思维的大变革[M]. 盛杨燕，周涛，译. 杭州：浙江人民出版社，2013.

[15] 董付国. Python 数据分析、挖掘与可视化[M]. 北京：人民邮电出版社，2020.

[16] 朝乐门. 数据科学理论与实践[M]. 北京：清华大学出版社，2019.

[17] Bill Schmarzo 著. 大数据 MBA：通过大数据实现与分析驱动企业决策与转型[M]. 于楠，译. 北京：清华大学出版社，2017.

[18] 林子雨. 大数据导论——数据思维、数据能力和数据伦理[M]. 北京：高等教育出版社，2020.

[19] 林子雨. 大数据技术原理与应用：概念、存储、处理、分析与应用[M]. 北京：人民邮电出版社，2015.

[20] 何明. 大数据导论——大数据思维与创新应用[M]. 北京：电子工业出版社，2019.

[21] 孟宪伟，许桂秋. 大数据导论[M]. 北京：人民邮电出版社，2019.

[22] 梅宏. 大数据导论[M]. 北京：高等教育出版社，2018.

[23] 杭州市数据资源管理局. 数据资源管理[M]. 杭州：浙江大学出版社，2019.

[24] 刘云浩. 物联网导论[M]. 北京：科学出版社，2017.

[25] 秦永彬，冯丽，陈艳平，等. “智慧法院”数据融合分析与集成应用[J]. 大数据，2019，5（03）：35-46.

[26] 曹文洁，刘杰，张本龚. 大数据与人工智能技术在COVID-19疫情防控中的应用分析[J]. 武汉纺织大学学报，2021，34（01）：10-14.

[27] 许杰，丁键，付长青，等. 基于多源异构大数据的大型活动安全预警平台研究与应用[J]. 中国安全防范技术与应用，2020（06）：55-59.

[28] 万婵，魏理豪，杨秋勇，等. 电网行业元数据集成数据存储策略研究[J]. 微型电脑应用，2021，37（01）：26-28+32.

[29] 戴牡红. 面向工程能力培养的大数据教学研究[J]. 软件工程，2021，24（01）：47-50.

[30] 吴夏. 大数据背景下数据存储加密技术研究[J]. 信息与电脑（理论版），2020，32（24）：136-138.

[31] 张宇宏，张俊玲，杨延嵩. 大数据存储技术分类模型构建[A]. 中国计算机用户协会网络应用分会. 中国计算机用户协会网络应用分会2020年第二十四届网络新技术与应用年会论文集[C]. 中国计算机用户协会网络应用分会：北京联合大学北京市信息服务工程重点实验室，2020：5.

[32] 付乾. 物联网大数据存储与管理技术[J]. 电子技术与软件工程，2020（23）：155-156.

[33] 刘守霖. 云计算模式下大数据处理技术[J]. 电子技术与软件工程，2020（23）：187-188.

[34] 陈瑞兴，尹洪苓，安东升，等. 大数据技术在配电网全时序运行效率分析中的应用[J].供用电，2021，38（03）：22-30.

[35] 沈馨源. 大数据分析在电力企业市场营销中的运用探讨[J]. 中国集体经济，2021（07）：83-84.

[36] 陈柏年，徐渊，杨继雨，等. 基于大数据与DEA模型的农业生产应用[J]. 合作经济与科技，2021（06）：142-144.

[37] 安宁，丛佳鹏. 智慧政府决策探析[J]. 合作经济与科技，2021（06）：188-190.

[38] 许旭. 大数据推进国家治理能力现代化的难点[N]. 中国信息化周报，2021-03-01（013）.

[39] 杨应良. 探究环保大数据在智慧环保监管领域的应用[J]. 低碳世界，2021，11（02）：50-51.

[40] 梅宏. 大数据：发展现状与未来趋势[R/OL].（2019-10-30）[2020-12-22]. http://www.npc.gov.cn/npc/c30834/201910/653fc6300310412f841c90972528be67.shtml.

[41] 大数据产业生态联盟. 2019中国大数据产业发展白皮书[R/OL].（2019-09-12）[2020-12-22]. http://www.cbdio.com/BigData/2019-09/12/content_6151229.htm.

[42] 程学旗，靳小龙，王元卓，郭嘉丰，张铁赢，李国杰. 大数据系统和分析技术综述[J]. 软件学报，2014，25（09）：1889-1908. DOI:10.13328/j.cnki.jos.004674.